1re SÉRIE, No 10.

BIBLIOTHÈQUE AGRICOLE

INSTITUÉE

PAR LE GOUVERNEMENT.

MANUEL

DU MARÉCHAL FERRANT.

MANUEL

DU

MARÉCHAL FERRANT

PAR M. BROGNIEZ,

Chevalier de l'ordre de Léopold,

PROFESSEUR A L'ÉCOLE DE MÉDECINE VÉTÉRINAIRE DE L'ÉTAT.

BRUXELLES.

G. STAPLEAUX, IMPRIMEUR-ÉDITEUR,

RUE DE LA MONTAGNE, N° 51.

1850

INTRODUCTION.

Condition sociale du maréchal ferrant. — Pour satisfaire à toutes les destinations que réclament nos besoins, le fer doit revêtir une infinité de formes, qui constituent un très-grand nombre de métiers et d'industries diverses, toutes d'une importance relative aux services que l'humanité en retire. L'art de travailler ce métal, dans le but de fournir aux besoins agricoles en général, ou à la ferrure des grands animaux domestiques en particulier, est la *maréchalerie;* et, de toutes les professions dont l'agriculture dépend, c'est elle qui passe pour être la première; aussi celui qui l'exerce, possédant les capacités nécessaires, a-t-il un mérite qui le place, dans l'opinion publique, au-dessus de l'artisan vulgaire; d'ailleurs il est reconnu que le maréchal bien famé est considéré partout, à la campagne, comme occupant le même rang que le fermier.

Cette profession a été en honneur partout et en tout temps. Les prérogatives dont les maréchaux ont joui, notamment à Paris, dans le siècle dernier, et la considération qui les entoure encore généralement, lorsqu'ils sont capables et d'une conduite honorable, résultent de l'importante utilité du concours qu'ils ont toujours prêté à la société.

L'histoire rapporte que des ferreurs ont été élevés par des souverains aux premiers degrés de la fortune pour prix de leur talent : c'est ainsi qu'en Angleterre *Guillaume le Bâtard*, surnommé *le Conquérant*, a donné en 1066 le *canton de Falkley* et la *ville de Northampton* à un Français nommé *Simon Saint-Litz*, à la condition qu'il pourvoirait à la ferrure de ses chevaux. En 1607, *Horace de Francini*, neveu et élève de *Carlo Ruini*, a fait imprimer en français une *Hippiatrique* où il traite savamment de la ferrure. Après avoir résidé quelques années à Lyon, *Francini* vint à Paris, où, en sa qualité de gentilhomme et d'homme spécial, il fut nommé *écuyer du roi*. La même année, *Foubert*, aussi *écuyer du roi*, a donné la traduction du *Savant Maréchal*, par *Markam*, ouvrage qui a eu plus de vingt éditions en Angleterre.

Solleysel dit que l'on a vu des rois et des princes ferrer eux-mêmes leurs chevaux, et qu'en ces temps-là, tout gentilhomme devait connaître la ferrure. *Garsault*, capitaine des haras de France, membre de l'Académie des sciences, a aussi traité de la ferrure dans son *Parfait Maréchal*, dont la première édition date de 1741. Enfin, *Huzard père*, chevalier de la Légion d'honneur et de l'ordre de Saint-Michel, s'honorait de mettre à côté de son titre de *membre de l'Institut* celui d'*ancien maréchal de Paris*.

On voit, par ces indications historiques, que l'art de

ferrer les chevaux a excité de tout temps beaucoup d'émulation et de sollicitude, et que les hommes qui l'ont exercé jouissaient d'une belle considération. Et pourquoi n'en serait-il plus de même aujourd'hui? Mais pour être distingué parmi les hommes, il faut pouvoir leur être utile; pour pouvoir leur être utile, il importe de posséder du savoir, et pour être honoré de ses semblables, il faut que dans le monde on use de ses connaissances avec dignité. Est-ce ainsi que les maréchaux de nos jours se comportent généralement? *L'absence de tout principe sur l'art de la ferrure,* chez ceux qui la pratiquent, *la négligence que beaucoup d'entre eux apportent dans l'accomplissement des devoirs de leur mission,* les prétentions du métier exagérées et bien d'autres défauts, dont le corps des maréchaux montre beaucoup d'exemples, sont autant de circonstances qui ont pu répandre plus ou moins de déconsidération sur cette utile profession. Ajoutons que le compagnonnage et ses excès y ont surtout contribué.

Sans doute, *l'absence des connaissances théoriques nécessaires* est un grand mal, puisque l'on nuit alors aux intérêts d'autrui sans s'en douter. Une loi écossaise punissait les maréchaux qui blessaient les chevaux en les ferrant; mais il vaut bien mieux les instruire; d'ailleurs c'est un objet qui intéresse tout le monde, aussi bien ceux qui élèvent ou qui ferrent ces animaux, que ceux qui s'en servent.

Souvent la *négligence* apportée dans l'accomplissement des devoirs de leur profession a ruiné des maréchaux ferrants trop enclins à l'oisiveté, quoique très-bien placés cependant pour réaliser de beaux bénéfices; beaucoup d'entre eux n'ont pu tirer aucun profit d'une belle position acquise, parce qu'au lieu de s'appliquer à bien servir leurs pratiques, ils employaient la plus grande partie de leur temps à traiter empiriquement les animaux malades; on sait ce qui arrive à ceux qui *chassent deux lièvres à la fois*, l'un et l'autre s'échappent. Ce trafic donne du goût pour la dissipation; celle-ci amène l'indifférence à pourvoir aux besoins de la famille; des habitudes vicieuses conduisent insensiblement aux excès et à l'abrutissement, puis à la perte de la santé et à la ruine. Ou bien encore, on éprouve, au déclin de l'âge, le chagrin de voir se disperser, sans ressources et sans avenir, les membres mal instruits d'une nombreuse famille, vouée à l'abjection pour avoir été négligée dans sa jeunesse.

Au sujet de la *jalousie de métier,* il y a une remarque à faire, c'est que plus un ouvrier est ignorant, plus il est disposé à exagérer ses prétentions de savoir. La modestie vaut bien mieux; aussi ne faut-il jamais que la noble ambition de bien faire se transforme en manifestations orgueilleuses.

Utilité de la ferrure. — Il n'y a pas de bons animaux de travail, s'ils ne sont pourvus de membres solides; aussi la conservation de ces utiles serviteurs de l'homme dépend-elle en grande partie de celle des pieds. Tout édifice qui dépérit par la base s'ébranle, se disloque et finit inévitablement par tomber en ruine; il en est de même, à plus forte raison, pour ce qui concerne la durée des animaux dont la force musculaire s'applique à nos différents services, car les détériorations d'une machine vivante marchent plus vite vers la destruction que celles d'une chose inanimée, par la raison que l'usure résulte nécessairement de mouvements forcés. Quand le jeu des membres est entravé par l'effet d'une cause persistante, il peut n'y avoir que de la gêne d'abord; à un degré plus avancé, la douleur s'ensuit; celle-ci étant devenue continuelle pendant la marche, elle affaiblit bientôt l'animal le plus robuste; enfin diverses maladies qui surviennent ensuite anéantissent la faculté des mouvements, jusqu'à ce que le capital soit entièrement perdu. Eh bien! c'est justement ce résultat qu'une mauvaise ferrure peut amener, parce que le sabot, qui la réclame comme un besoin plus ou moins pressant, n'est pas un bloc de corne solide, capable de résister à tout, comme un tronçon de bois massif; c'est au contraire une enveloppe protectrice de parties sensibles d'où elle provient, comme si on disait une boite comparable à la coquille de l'escargot, laquelle provient aussi d'une sécrétion, fournie par le corps du limaçon, pour former sa demeure ambulante, avec cette différence que la corne croît d'un côté et perd de sa substance de l'autre, tandis que la coquille dont nous venons de parler reste, une fois formée. On pourrait encore mieux comparer la corne des pieds à l'écorce d'un arbre, parce que les parties qui la produisent y restent attachées comme le tissu corné reste adhérent avec les parties vivantes qu'il recouvre.

Le pied bien fait et proportionné à la masse qu'il doit supporter a toute la force désirable pour se passer d'une protection artificielle; mais les usages domestiques font de la ferrure un mal nécessaire; nous disons un mal nécessaire, car elle a toujours une tendance à diminuer la solidité dont nous venons de parler, soit en nuisant à la nutrition de la corne, soit en produisant la déformation du sabot.

S'il en est ainsi, on ne doit pas trouver étonnant que l'ouvrier simplement routinier occasionne involontairement beaucoup de dommage aux pieds des chevaux, par l'effet du rétrécissement lent du sabot d'un quartier à l'autre ; alors la compression du vif a lieu, les parties qui fournissent la corne deviennent malades ; le sabot s'altère, croît mal, se dessèche, s'allonge et se garnit de cercles, et si une main habile n'intervient pas pour agir à propos, le cheval est estropié et sans valeur. Le premier degré d'utilité de la ferrure est donc d'empêcher l'usure des pieds et d'affermir la marche sur les terrains arides ou glissants.

Malheureusement, il y a encore d'autres conditions qui rendent ce moyen protecteur bien plus nécessaire, étant diversement modifié ; par exemple, quand le sabot est naturellement défectueux ou qu'il l'est devenu, soit par l'effet du service, soit par accident ; quand il présente des disproportions avec les autres parties, ou que les aplombs sont faussés, etc.

Origine de la ferrure. — L'art de ferrer les chevaux paraît dater de l'époque du renversement du vaste empire de Rome, vers l'an 450 après J.-C. Le plus ancien fer à clous que l'on connaisse a été découvert à Tournay, dans le tombeau de *Childéric,* roi des Francs, mort en 481 ; cependant on ne saurait encore assurer qu'à cette époque on ferrait avec des clous, car les trous dont ce fer était percé pourraient bien avoir servi à le coudre sur la semelle de l'une des espèces de guêtres ou de bottines avec lesquelles on garantissait, tant bien que mal, les pieds des animaux, dans les temps très-reculés. La première indication précise que nous ayons de la ferrure à clous date du temps de *l'empereur Léon VI,* qui régnait à Constantinople dans le IXe siècle. Le *Père Daniel,* dans son histoire de France (1018), donne à entendre que dans le IXe siècle les chevaux n'étaient ferrés qu'en temps de gelée ou en d'autres occasions, pour faire la guerre peut-être, ou bien lorsqu'ils avaient des plaies aux pieds.

Un des plus anciens auteurs est *Laurent Rusé,* maître maréchal. Il a publié une *Maréchalerie* qui fut traduite du latin en 1533. Les chevaux n'étaient pas toujours ferrés non plus en ce temps-là, et on ne posait pas le fer chaud sur le pied. En 1539, *César Fiaschi* a fait imprimer un *Traité sur la manière de bien emboucher, manier et ferrer les chevaux*. C'est ce qui a été publié de meilleur sur cette matière dans les XVIe, XVIIe et XVIIIe siècles ; il paraît même que *Lafosse* a puisé dans cet ouvrage la première idée de sa ferrure raccourcie ou à lunette. *Carracciolo* a fait imprimer aussi, en 1567, un bon ouvrage sur la ferrure du cheval, intitulé : *la Gloria del cavallo*. Les opinions des Grecs et des Latins, ses devanciers, y sont rappelées par l'auteur. Il prescrit de dégager avec un fer chaud la lame du clou implantée dans la corne, là où elle doit former le rivet. En 1664, *Solleysel* fit son *Parfait Maréchal*. Cet auteur, entre autres préceptes nombreux qu'il donne sur la ferrure, recommande de faire brûler légèrement avec un fer chaud la sole des pieds plats et combles, pour la faire retirer et resserrer. En 1742, *Salvador*, Espagnol, a fait imprimer un livre : *la Santé du cheval;* la ferrure qui était en usage de ce temps-là, et que cet auteur a décrite, est encore la même aujourd'hui en Espagne. Ce fer s'applique indifféremment au pied droit ou au pied gauche; il est étampé gras, et l'ajustage consiste à lui élever une forte bordure à froid sur le bras rond de l'enclume; cette espèce de soulier, qui s'applique à froid, a l'inconvénient de resserrer les pieds et d'exposer les chevaux qui le portent à se couper. C'est en 1757 que *Lafosse père* a publié sa *Nouvelle méthode de ferrer les chevaux*. Il est le premier auteur qui ait parlé de la sole brûlée; enfin, dans le siècle actuel, des ouvrages plus ou moins importants ont été publiés sur la maréchalerie, tant en France qu'en Angleterre, en Allemagne, etc. Mais nous ne nous y arrêterons pas, parce qu'il nous paraît plus convenable et plus utile de démontrer les principes consacrés par l'expérience de notre époque, que d'analyser une foule d'opinions diverses, qui n'ont qu'une valeur historique. Néanmoins, si nous passons sous silence ces divers ouvrages modernes, il ne peut en être de même d'une méthode rationnelle, sortie d'une forge belge, consistant en un *fer expansif* ou espèce de *pantoufle particulière,* et au moyen de laquelle on répare parfaitement les pieds rétrécis, même lorsqu'ils sont arrivés au degré où les chevaux sont considérés comme estropiés. Nous pensons que l'on ne saurait trop généralement faire connaître de semblables succès; aussi nous en faisons-nous un devoir. Ce progrès si important, sur lequel nous avons publié plusieurs articles dans les journaux vétérinaires, appartient à *M. Defays père,* maréchal ferrant à Verviers. Nous n'hésitons pas à le dire, la nouvelle ferrure de *M. Defays,* et dont nous parlerons plus loin dans ce livre, place son inventeur au premier rang parmi les maréchaux et parmi les citoyens qui ont bien mérité du pays. *L'étoile d'honneur* serait, en cette occasion, une récompense bien méritée; aussi formons-nous le vœu que cette marque de distinction soit décernée à l'auteur de cette belle innovation.

Distribution de l'ouvrage ou programme. — Il se compose de quatre chapitres, qui se succèdent dans l'ordre suivant :

Chapitre Ier. Description des fers ordinaires et des fers correcteurs.

Chapitre II. Préparation de ces fers. — Viennent d'abord quelques instructions préalables : sur les ustensiles à l'usage de la maréchalerie; sur les métaux employés à la confection des fers; sur le combustible et autres corps de la nature qui servent à les rendre traitables; sur l'art de chauffer le fer sans l'altérer dans ses qualités chimiques et physiques; enfin sur l'art de le façonner ou action de forger.

Chapitre III. Application des fers. — Les développements qui se rapportent à ce chapitre sont ainsi présentés : 1° structure et fonctions du sabot; 2° altérations de la corne, vices de conformation du pied, déformations du sabot et irrégularités dans les mouvements des membres; 3° les préceptes qui doivent régler l'ajustage et le ferrage ordinaires, ainsi que les principes ordonnés par les indications que présentent les diverses altérations, ou anomalies d'organisation, ou irrégularités qui peuvent exister.

Chapitre IV. Effets nuisibles de la ferrure. — A. Effets qui se produisent au moment même ou dans les premiers temps de son application. B. Effets consécutifs.

But de l'ouvrage. — Sa destination est, comme on le voit par cette esquisse, de présenter aux maréchaux les principes nécessaires pour pratiquer rationnellement l'art de la ferrure, c'est-à-dire de manière à conserver le pied des animaux de travail, lorsqu'il est bien conformé, et à le restaurer ou le rétablir, d'une manière plus ou moins durable, lorsqu'il n'est pas dans l'état naturel.

MANUEL DU MARÉCHAL FERRANT.

CHAPITRE PREMIER.

DESCRIPTION DES FERS ORDINAIRES ET CORRECTEURS.

On appelle *fer de cheval* un appareil composé d'une bande de fer aplatie, courbée sur champ, ayant les bouts séparés ou réunis, et destiné soit à protéger le sabot contre l'usure, soit à le rétablir ou au moins à améliorer son état, lorsqu'il est défectueux.

Tout fer a deux faces, une supérieure : qui correspond à la semelle du pied ; l'autre inférieure, qui pose à terre, et deux bords ou rives, l'externe ou de dehors, l'interne ou de dedans. Le milieu du contour est la pince ; à droite et à gauche de la pince sont les deux mamelles. Les branches, distinguées aussi en interne et externe, s'étendent de chaque côté depuis la mamelle jusqu'au bout ou l'éponge. La voûte est la portion du bord interne qui se trouve à l'opposé de la pince. Les étampures sont des empreintes ou cavités carrées, plus larges à l'entrée qu'au fond, que l'on pratique avec l'étampe sur la face inférieure pour recevoir la tête des clous (fig. 1). Dans les

Fig. 1.

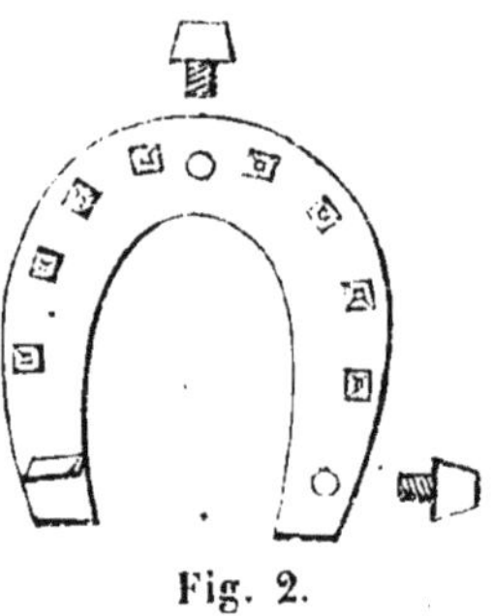

Fig. 2.

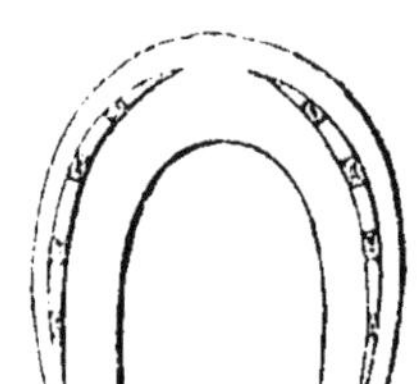

Fig. 3.

fers à l'anglaise (fig. 3), on remplace les étampures par une rainure. Le crampon se fait en pliant en équerre l'éponge de la branche comme on le voit (fig. 1). Il y en a de postiches que l'on fixe à vis, en pince et en éponge (fig. 2).

Le pinçon est une griffe que l'on tire du fer sur le bord de l'enclume; les vétérinaires en demandent quelquefois que l'on attache par charnière pour protéger certaines parties du sabot où une opération a pu être pratiquée aux dépens de la muraille. Un morceau d'acier soudé sur la face inférieure de la pince s'appelle bouton à glace (voyez fig. 1).

§ 1er. *Fers ordinaires.* — Les fers ordinaires sont ceux que l'on applique aux pieds bien conformés et exempts de toutes détériorations. Il y en a pour le cheval, l'âne, le mulet et le bœuf. On les distingue en fers de devant ou antérieurs, et de derrière ou postérieurs.

A. *Fers ordinaires pour le cheval.* — Le *fer de devant,* arrondi comme le sabot qu'il doit garnir, doit avoir ses étampures éloignées des talons, et percées plus maigre en dedans qu'en dehors. En voici les dimensions : longueur, quatre largeurs de pince (voy. fig. 4); largeur, trois pinces et demie; elle peut même avoir plus; épaisseur, un quart de pince; couverture des éponges, une demi-pince; distance de l'éponge à la première étampure, sept quarts de pince ; distance d'une étampure à l'autre, trois quarts de pince. L'ajusture est une disposition du fer, par laquelle la face supérieure prend une forme de concavité proportionnée à l'état plus ou moins creux ou plus ou moins arrondi de la semelle du pied. Pour l'ajusture ordinaire on relève la pince en batêau d'un quart de pince, mais de manière à ce que cette élévation se perde insensiblement en mamelles, les branches posant à plat. L'ajusture anglaise consiste dans un glacis rabattu en côte à la face supérieure, sur le bord de la rive interne.

Le *fer de derrière* (fig. 5) est plus anguleux en

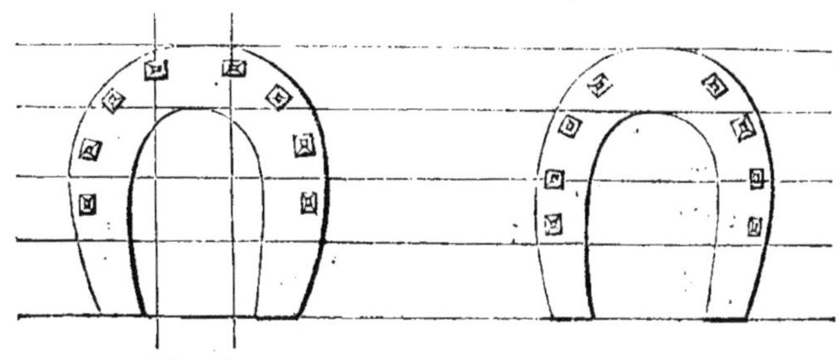

Fig. 4 Fig. 5.

pince que celui de devant, c'est-à-dire plus étroit en pince ; ici les étampures doivent être portées vers les talons, à cause de leur force plus grande que dans les pieds antérieurs. Ses proportions sont établies d'après la même base. Les étampures doivent par-

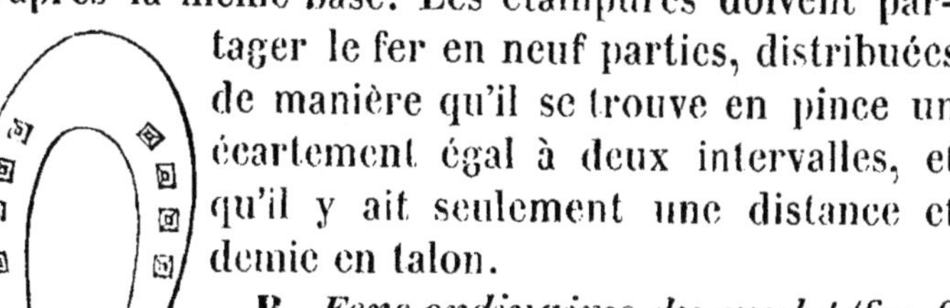

Fig. 6.

tager le fer en neuf parties, distribuées de manière qu'il se trouve en pince un écartement égal à deux intervalles, et qu'il y ait seulement une distance et demie en talon.

B. *Fers ordinaires du mulet* (fig. 6 et 7). — On les appelle encore *planches*

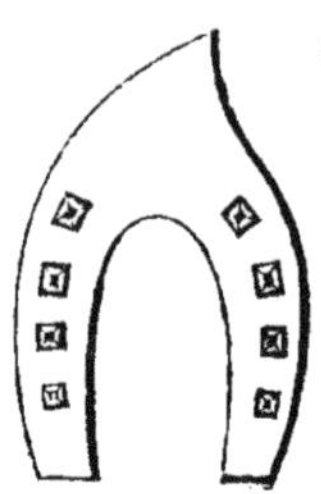
Fig. 7.

florentines, fers florentins ou *de Florence.* Ils pourraient être établis sur une base analogue à celle qui donne la mesure proportionnelle des fers du cheval, mais il y a quelques différences de forme dépendantes de la construction naturelle du sabot de ces animaux ; voilà pourquoi les branches sont plus droites, la pince plus ou moins prolongée et les étampures de ce côté très-grasses, ainsi qu'en dehors, où elles doivent être percées au milieu de la branche.

Fig. 8.

C. *Fers ordinaires de l'âne* (fig. 8). — Ils ont une forme allongée comme ceux du mulet, mais ils n'ont que six étampures percées maigre.

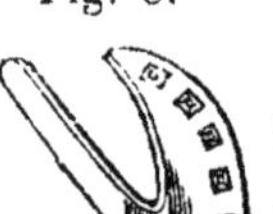
Fig. 9.

D. *Fer du bœuf* (fig. 9). — Ce fer consiste en une platine circonscrite conformément à l'assiette de l'ongle, auquel elle doit être adaptée, de manière qu'elle représente le quart d'un ovale dont la pointe est en avant ; le côté de la plaque qui décrit une courbe est la rive extérieure : c'est le long de cette rive que sont percées les cinq ou six étampures maigres et tellement espacées que celle du talon correspond au milieu de la longueur du fer. La rive intérieure est un peu cambrée pour suivre le creux que l'ongle présente de ce côté ; c'est du milieu de ce bord que part une bandelette de fer flexible, destinée à passer entre les deux doigts pour se rabattre, en dehors, sur la muraille. Les proportions du fer sont telles que deux largeurs et demie de la plaque donnent sa longueur, et un dixième, l'épaisseur.

E. *Ferrure en cuir.* — Nous allons faire connaître l'invention d'une nouvelle ferrure appartenant à un Français, M. *Rousseau,* receveur de l'enregistrement à Aï (département de la Marne). Si nous ne la passons pas sous silence, c'est pour prémunir nos compatriotes, toujours disposés à regarder comme fort extraordinaires les choses même les moins importantes qui nous viennent de l'étranger. Car le Belge est ainsi fait ; il n'y a jamais rien en Belgique qui puisse valoir ce que les autres pays produisent ou proposent.

La ferrure de M. *Rousseau,* qui a fait le sujet d'un rapport à la société vétérinaire de Paris en 1846, consiste en un appareil ayant la forme d'un fer ordinaire et composé de trois parties : 1° le fer, proprement dit ; 2° une semelle ou plutôt, qu'on me passe le mot, un second fer en cuir, ayant tout à fait la tournure et les dimensions du premier, sous lequel il est appliqué ; 3° des clous d'une forme particulière.

Le fer proprement dit ne diffère du fer ordinaire que par son épaisseur, qui n'est guère que de 3 à 4 millimètres. Il est percé, dans son épaisseur et suivant son contour, de trois lignes de petits trous destinés à donner passage aux fils qui fixent la semelle à cette lame de fer.

Les étampures ne sont percées qu'au moment d'appliquer le fer sous le pied ; de là l'obligation de les pratiquer au foret.

Il est bien entendu que la semelle de cuir ne peut être cousue au fer qu'après que celui-ci a reçu, à la forge, la forme du pied à ferrer : elle est faite en cuir très-fort, taillée sur le fer lui-même et solidement cousue à sa face intérieure, à l'aide des trous dont nous avons dit qu'il était percé. Si on le croyait utile, dit M. Rousseau, une seconde semelle en cuir pourrait facilement être adaptée à la face supérieure du fer, afin de fournir à la corne un appui moins dur et même pourvu d'une certaine souplesse. Le fer achevé, on pratique les étampures avec un foret suffisamment large pour leur donner une ouverture en rapport avec l'épaisseur de la lame des clous.

Quant à la semelle de cuir, c'est avec un vilebrequin qu'on la fore, en ayant soin que la mèche de ce vilebrequin soit assez large pour établir des ouvertures en état de recevoir et loger entièrement la tête des clous.

Les clous diffèrent du clou ordinaire par le collet, qui est cylindrique et se loge ainsi dans l'étampure du fer, qu'il remplit exactement, et par la tête dont la forme est celle d'un cône renversé, se confondant avec la lame par son sommet, qui est inférieur. Cette tête est plate et ne dépasse pas la semelle du cuir, dans l'épaisseur de laquelle elle se trouve complétement noyée quand l'animal est ferré.

M. Rousseau dit que ce qui l'a conduit à munir la face inférieure du fer ordinaire d'une semelle de cuir, c'est le spectacle de chevaux glissant à chaque pas sur le pavé des grandes villes. Or, par sa souplesse, son élasticité et sa résistance à l'usure, le cuir lui a paru, si on parvenait à le fixer assez solidement sous le fer, devoir ôter à la ferrure ordinaire ces graves inconvénients.

Pour qu'une ferrure nouvelle pût être substituée utilement à la ferrure actuellement en usage, il faudrait, à part les avantages qu'elle peut présenter sous d'autres rapports, qu'elle fût au moins aussi prompte, facile et sûre dans son exécution, au moins aussi solide, au moins aussi économique dans son emploi. L'emploi du fer conseillé par M. Rousseau exige beaucoup plus de temps, offre beaucoup plus de difficultés, présente moins de solidité que l'emploi du fer ordinaire.

En résumé, nous pensons que le fer imaginé par M. *Rousseau*, en admettant qu'il offre dans la pratique les avantages que lui prête l'inventeur, exige trop de temps, de difficultés et de dépenses pour sa préparation et son application, n'offre pas assez de garanties de solidité et n'a pas une durée assez longue.

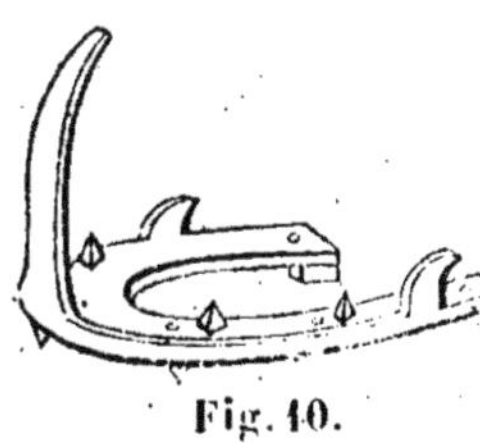

Fig. 10.

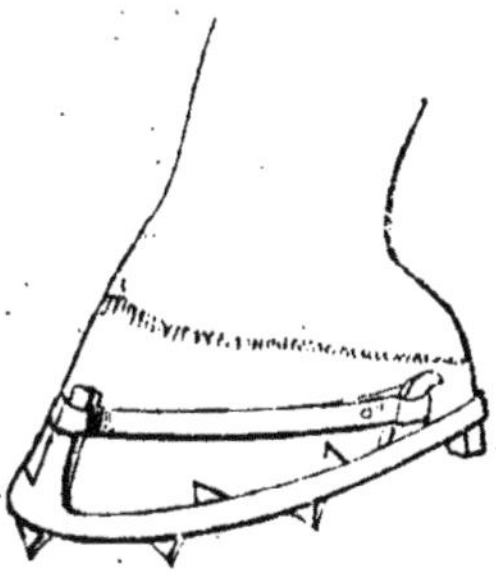

Fig. 11.

F. *Ferrure sans clous.* — La fig. 10 montre *l'hipposandale hermétique de Berjoux;* cette invention française a pour but d'armer le pied d'un fer non attaché par des clous. Ce fer présente, vers la partie postérieure des branches, deux pinçons crochus et inclinés en arrière pour recevoir de chaque côté l'extrémité d'un cercle destiné à presser sur la muraille en avant où un autre prolongement tiré de la pince empêche de remonter (fig. 11). Les pivots d'arrêt que montre la fig. 11, incrustés dans la corne, sont destinés à empêcher le fer de glisser vers la pince par le tirage que le cercle exerce, lorsque, pour serrer l'appareil, on rabat la bande ou pinçon flexible de la pince. On prévoit l'inutilité de ce genre de ferrure : ce qui la rend très-nuisible, c'est qu'elle empêche l'expansion du sabot d'avoir lieu pendant la marche. Le seul avantage qu'elle présenterait, ce serait d'éviter l'implantation des clous dans la muraille; mais il n'en serait rien, puisqu'il faut de larges et profondes entailles pour servir à l'incrustation des pivots d'arrêt; puis on ne saurait l'appliquer sur un pied trop court et droit en pince; d'un autre côté, les pieds très-forts, ceux-là seulement où les clous n'occasionnent pas de dommage, pourraient recevoir cette armure. Enfin elle ne tient pas fixe, souvent le cercle se desserre, le fer cloche, et tombe bientôt, à moins qu'on ne resserre le cercle à chaque instant, en le chassant du haut en bas comme font les tonneliers.

Ce n'est pas le premier essai que l'on ait fait d'une ferrure sans clous; il y a déjà longtemps que le fer à tous pieds sans étampures a été imaginé, mais il est aussi nuisible et aussi inutile que le précédent : il a une charnière en pince, et au lieu d'étampures, sa rive extérieure est garnie d'une suite de longs pinçons ou d'une bordure continue. Les deux éponges, plus épaisses qu'elles ne le sont ordinairement, sont percées d'un trou pour recevoir une tige ayant une tête d'un côté et une vis de l'autre, à l'effet de recevoir un écrou. On conçoit sans peine que le sabot est alors serré comme dans un étau, et que les parties sensibles qui s'y trouvent renfermées en reçoivent une impression très-douloureuse et nuisible.

Depuis peu un Anglais a voulu bannir aussi la ferrure à clous, et, pour cela, il propose de remplacer ceux-ci par des anses de fil de fer. Au lieu d'implanter une lame, on fait deux trous dans la muraille avec un foret, on y passe l'anse en fil métallique, comme pour réunir deux fragments d'une assiette fendue, et on en réunit les deux bouts par une torsade qui reste cachée dans la rainure faite exprès à la face inférieure du fer.

On a beau chercher à remplacer la ferrure à clous par une meilleure méthode, on n'y parviendra pas facilement, et d'ailleurs ce ne serait pas un progrès bien désirable, puisqu'elle est encore la moins nuisible, la plus facile à pratiquer et la plus solide, quand du reste elle est établie d'après les règles naturelles qui découlent de la composition du sabot et de la connaissance du jeu de son mécanisme.

§ 2. *Fers correcteurs.* — Ces fers correcteurs sont ceux qui ont pour but de corriger ou de pallier seulement les défauts du pied et de certaines autres régions des membres. Il y en a quatre principaux, d'un usage fréquent, et qui, étant bien appliqués à propos, rendent de très-grands services; ce sont : le *fer couvert*, le *fer à la turque*, le *fer à planche* et le *fer à pantoufle*. Disons en quoi ils consistent :

Le *fer couvert* peut être *simple* ou *à bord renversé*. Le premier est plus large et proportionnellement moins épais que le fer ordinaire; ses éponges sont refoulées et d'une épaisseur plus ou moins considérable selon l'état des talons. Il en est de même du second, qui diffère seulement du précédent en ce qu'il a sa rive extérieure rabattue à peu près comme la bordure d'une assiette. C'est sur cette bordure que l'on perce les étampures, après que l'ajusture en est terminée; nous faisons remarquer que, sans la précaution de laisser le fer trop large, il se resserrerait tellement en l'étampant, qu'il deviendrait très-difficile à approprier. Ce fer, recommandé dans les cas où le pied est très-comble, à paroi faible, cassante, renversée de bas en haut, ne mérite pas toujours la préférence sur le premier. Quoi qu'il en soit, les fers couverts sont destinés à protéger la sole mince, flexible des pieds plats ou combles, et à relever les talons, trop bas dans ces sortes de pieds pour partager l'appui avec leur fourchette, toujours volumineuse en même temps.

Le *fer à la turque* n'est percé d'étampures qu'à la branche de dehors et à la mamelle de dedans; la branche de ce dernier côté est d'un tiers plus étroite, elle doit avoir plus d'épaisseur que l'autre, et son arête inférieure être rabattue. Quand le cheval se coupe ou que le quartier interne est trop bas, le fer à la turque a pour but d'incliner le pied en dehors et d'en diminuer la largeur, sans toutefois le resserrer par le rapprochement des quartiers, mais bien en rognant la corne en dedans, jusqu'au talus du fer, qui doit en outre être posé très-juste.

Le *fer à planche* est celui dont les branches sont réunies postérieurement par une traverse d'une branche à l'autre pour passer sur la fourchette. Cette barre ou planche peut être plus ou moins large et en équerre ou oblique. Ce fer est destiné à protéger les talons sensibles lorsque la fourchette, non altérée, permet de prendre appui sur elle.

Le *fer à pantoufle ordinaire* est un fer ordinaire, mais confectionné de manière à ce qu'en talons, la rive interne ait une épaisseur plus considérable que la rive extérieure ; il est destiné à empêcher le resserrement de la muraille et à favoriser l'élargissement des talons du pied serré. Mais, lorsque la déformation du sabot est portée à un très-haut degré, la dilatation nécessaire ne s'obtiendrait que très-difficilement, sans l'action d'un appareil doué d'une force dilatante comme la *pantoufle expansive de Defays,* dont nous avons parlé dans l'introduction. Ce fer est composé d'un barreau carré ou à peu près, uniforme dans toute son étendue, comme la fig. 12, si son action doit se porter sur toute l'étendue du pied, ou

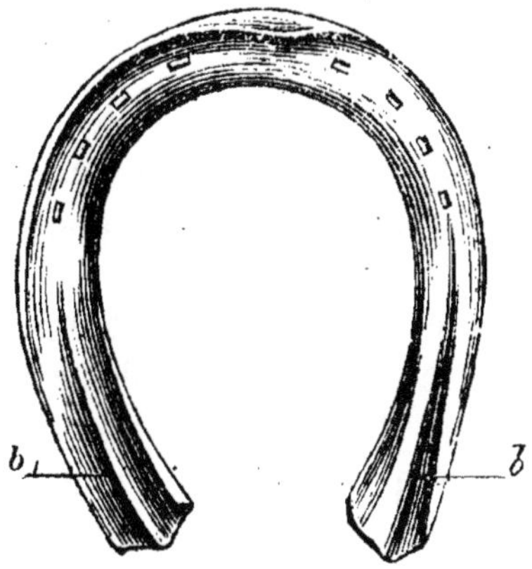

Fig. 12.

présenter moins de force dans tel ou tel endroit, si son action ne doit pas porter partout ; c'est ainsi que la fig. 13 indique un rétrécissement à la branche *c,* à l'effet d'agir sur les talons seulement. L'extrémité de chaque branche doit présenter, à sa face supérieure, une élévation ou crête, inclinée de manière à s'appuyer en dedans de chaque talon ; comme on le voit (fig. 1re et 2e, *b. b. b. b.*)

Il est indispensable aussi que le fer employé soit

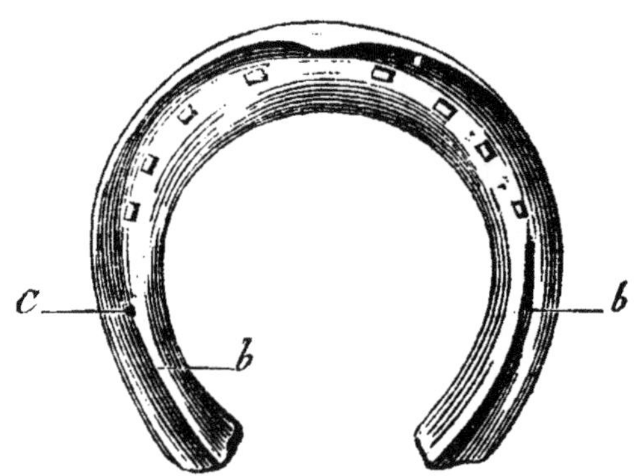

Fig. 13.

de très-bonne qualité et que la dernière appropriation que la pantoufle reçoit ait lieu à froid ou à peu près. Les clous doivent être éloignés des talons ou rapprochés de la pince.

Quant aux fers et appareils pathologiques nécessaires en cas d'opérations chirurgicales réclamées par les maladies graves du pied, le maréchal ferrant, formé dans les principes qui concernent ses attributions, comprend aisément les instructions données par le vétérinaire et sait s'y conformer.

Enfin il y a encore des fers inutiles, nuisibles, véritables vieilleries inusitées aujourd'hui dont nous ne parlerons pas, le *fer à crémaillère*, par exemple, etc.

§ 3. A la suite des descriptions qui précèdent, nous croyons convenable de donner quelques détails concis sur la *ferrure ordinaire de quelques pays étrangers*. M. *Huzard fils*, médecin vétérinaire à Paris, a observé, dans un voyage qu'il a fait au Sénégal, que les Mores, en Afrique, fixent aux pieds de leurs chevaux, avec des clous, une plaque de fer épaisse de deux ou trois millimètres et percée d'une ouverture irrégulière dans son milieu. Cette espèce de fer est forgé chaud sur l'enclume et a six étampures. M. *Riquet aîné*, vétérinaire aux chasseurs d'Afrique, rapporte qu'en Algérie l'Arabe fabrique ses fers sur l'enclume; que pour cet usage il fait venir d'Espagne ou de France le fer, le plus malléable, et le travaille étant chauffé au feu de bois. On ferre à froid dans ce pays, et c'est le cavalier lui-même qui s'en charge. Ce fer est fait de manière que sa pince est carrée et que ses éponges sont rentrées, comme dans le fer à planche, mais sans être soudées; il a six étampures ou plutôt six trous, presque aussi grands d'un côté que de l'autre. L'ajusture est renversée, de sorte que le fer porte sur la sole, dans le creux du pied, lequel est toujours imparfaitement paré, au moyen d'une espèce de serpe de sabotier.

Quant à la *ferrure anglaise*, il n'y a rien de fixe, rien de réglé.

Godwin, auteur anglais, dit dans son *Guide du vétérinaire et du maréchal*, imprimé en 1824, qu'il serait inutile de vouloir donner des détails sur les différentes manières de ferrer les chevaux en Angleterre, puisqu'il n'y a pas deux forges à Londres, ajoute-t-il, dont les méthodes soient semblables. Le hasard y préside plus que l'attention, aussi partout dans ce pays la ferrure est pernicieuse. Tous les observateurs compétents sont d'accord sur ce point : *Dick,* professeur de chirurgie en Écosse ; *Coleman, Bracy-Clarck,* professeurs au collége vétérinaire de Londres; *Youatt, Thomas Ritchie,* chirurgien vétérinaire à Édimbourg, et bien d'autres. Ce dernier dit même que la perte sur les chevaux, résultant de la moins value occasionnée par la ferrure, dépasse *un million de livres sterling*, par an, dans les Royaumes-Unis.

Nous devons dire que les pieds des chevaux en Angleterre ont une tendance remarquable à se resserrer; il est vrai encore que des auteurs de ce pays ont fait des efforts louables pour remédier au mal, mais, après tout, il faut conclure que les fers expansifs munis de charnières en pince et inventés par eux, ne valent pas les moyens qui appartiennent à la Belgique.

On dit aussi : la *ferrure française*. La ferrure française n'est autre chose que l'ensemble des principes qui depuis *Bourgelat, Chabert, Gohier*, etc., ont prévalu sur le continent ; mais, ainsi que nous l'avons dit dans l'introduction, au sujet des ouvrages modernes sur l'art de la ferrure, nous croyons qu'il vaut mieux nous borner à donner un exposé, en raccourci, de ce qu'il convient de faire, d'après les connaissances actuelles les mieux fondées sur l'expérience, que de passer en revue un grand nombre d'opinions diverses qui ne nous serviraient guère.

CHAPITRE II.

PRÉPARATION DES FERS.

A. *Ustensiles à l'usage de la maréchalerie.* — Il serait inutile de donner ici des détails sur la distribution intérieure d'une forge, ainsi que sur les ustensiles qui doivent s'y trouver, tels que soufflet, enclume, pelle, tisonnier ou ringard, marteaux, tranches ou hachettes, étaux, etc. Il nous suffirait en tous cas de dire un mot seulement des instruments qui servent à forger les fers, comme les *tenailles goulues*, ou à mors écartés, pour tenir les grosses pièces, et celles dites *justes,* parce qu'elles sont destinées à serrer des objets de petit volume; enfin les *ferretiers,* les *étampes,* les *poinçons,* etc. Mais comme il n'est pas de maréchaux qui ne connaissent très-bien tout ce matériel, nous nous contenterons de parler des métaux employés pour la ferrure, c'est-à-dire le fer et l'acier, ainsi que du combustible et autres corps naturels que l'on emploie pour rendre ces métaux traitables, en les ramollissant au feu, sans les altérer ni diminuer leurs qualités, dans les diverses transformations qu'ils doivent subir pendant le travail nécessaire à la préparation des fers, ou autrement dit pendant les actions de chauffer et de forger.

B. *Fer*. — Métal aussi abondamment répandu dans la nature qu'indispensable à l'existence de l'homme; il est plus précieux que l'or et l'argent, car sans lui, l'agriculture, le premier de tous les arts, serait impraticable. Nous ne parlerons pas des différents états dans lesquels le fer se rencontre dans la nature, ni de ses combinaisons avec d'autres corps. Quand le minerai est très-riche, on peut le réduire en le jetant dans un fort feu de grosse forge; c'est la *méthode catalane*. On le réduit le plus souvent en le faisant fondre dans les grands creusets appelés hauts fourneaux: la fonte reste au fond, et le laitier vient en grande partie à la surface; on en sépare déjà beaucoup en coulant la *gueuse*. Soumis à la chaleur, le fer pur, dit *fer battu*, ne se fond que très-difficilement, mais se ramollit, se colle à lui-même ou se soude, et se brûle facilement quand il se trouve au contact de l'air à une haute température. Pour comprendre comment le fer *brûle*, et ce que c'est que le *fer brûlé*, il faut savoir que l'un des deux principes gazeux qui forment l'air (l'oxygène) pénètre ce métal et se combine avec lui, lorsqu'on le laisse trop longtemps exposé à une chaleur assez forte pour devenir soudant; ce n'est plus alors qu'une espèce de pierre ayant plus de poids que le morceau de fer n'en avait avant d'être brûlé, il est converti en oxyde et n'a plus aucune de ses qualités premières. Cela se démontre par l'expérience suivante, qui ressemble à un *tour de physique*: on remplit avec de l'oxygène un flacon en verre, de deux pieds environ et large de quatre à cinq pouces; on fixe à un bouchon en liége, semblable à celui qui ferme le flacon en attendant, un fil de fer roulé en forme d'élastique ayant les tours fort écartés ; un morceau d'amadou est ensuite attaché au bout et tout est prêt. On met le feu à l'amadou, et aussitôt que le premier bouchon est ôté, on introduit le fil de fer, en adaptant rapidement le bouchon qui le tient ; et l'on voit le fil de fer, se brûlant avec rapidité, tomber en grenailles enflammées, qui vont s'éteindre dans une certaine quantité d'eau placée par précaution au fond du flacon. Ces grenailles ainsi tombées au fond du vase ne sont plus du fer métallique, mais bien de l'*oxyde de fer* ou du *fer brûlé*.

C. *Acier*. — Il y a cinq espèces d'acier : 1° l'*acier naturel,* qui se retire directement des minerais de fer ; 2° l'*acier de forge,* que l'on obtient par l'affinage incomplet de la fonte ; 3° l'*acier de cémentation,* qui se fait avec du fer pur chauffé avec le charbon (auquel on ajoute quelquefois de l'urine, du vinaigre, du vieux cuir, etc.), à l'abri du contact de l'air ; 4° l'*acier fondu*, que l'on prépare en opérant la fusion de ce dernier dans un creuset, les fragments étant recouverts avec du verre ou du charbon pilés ; 5° l'*acier damassé* ou *de Wootz,* qui s'obtient en alliant au fer un autre métal comme le chrome, l'aluminium, l'argent, le platine, etc. Le Wootz nous vient de Bombay. Chauffé à la température rouge, l'acier se ramollit à sa surface et se soude au fer, qui est moins fusible que lui. Refroidi brusquement, il subit une modification moléculaire appelée trempe ; il en devient plus léger, plus cassant, plus sonore et plus dur. On varie le degré de dureté qu'il acquiert ainsi subitement, tout en le rendant moins fragile et plus élastique, en lui donnant le recuit, c'est-à-dire en le chauffant de nouveau lentement jusqu'à un certain degré. On saisit ce degré par l'habitude, et il doit varier selon l'usage auquel l'objet est destiné; la couleur pendant le recuit varie du jaune au bleu; on se règle aussi, dans cette opération, au moyen d'un corps gras, de la corne, ou de la râpure de bois; on fait cesser l'action de la chaleur, dès que l'inflammation de ces substances commence.

On peut distinguer le fer de l'acier, sans casser la pièce; pour cela on met une goutte d'eau forte sur une surface polie : la tache est rouge ou jaune, si c'est du fer; elle est noire, si c'est de l'acier.

D. *Houille.* — Substance minérale, noire, opaque, combustible, bitumineuse et très-abondante dans le sein de la terre. Lorsque la houille brûle, elle répand une fumée épaisse qui contient différents produits gazeux, comme le gaz qui sert à l'éclairage, l'acide carbonique, etc., tous deux non respirables. Le résidu est une espèce d'escarbille légère, poreuse, à surface comme bouillonnée, et qui brûle ensuite en produisant un feu très-vif et clair. C'est le coak des Anglais qui remplace le charbon de bois dans les fonderies. Les proportions diverses dans lesquelles les principes dont la chimie démontre l'existence dans la houille, la rendent plus ou moins propre à certains usages, la meilleure contient 30 à 40 pour cent de bitume (huile minérale); les matières terreuses y sont quelquefois pour plus de 50 pour cent. La houille grasse est légère, très-combustible, donne une flamme blanche et brûle en se boursouflant; la matière huileuse, bitumineuse, qu'elle contient, lui donne la propriété de s'agglutiner et de brûler avec plus d'activité lorsqu'on l'humecte avec de l'eau ; c'est celle qui convient à la forge. La houille maigre est pesante, plus difficile à s'enflammer, et brûle sans se boursoufler ni s'agglutiner ; c'est celle qui sert au chauffage. La houille remplace le bois comme combustible dans beaucoup d'arts et d'industries, et peut le suppléer constamment dans les usages domestiques ; elle a l'avantage sur lui de donner, à poids égal, une plus grande chaleur.

Le charbon de bois provient de la combustion du squelette ligneux des végétaux, dont le carbone fait la base solide ; aussi les charbons sont-ils du carbone impur ; le carbone pur et cristallisé, ou le diamant, est un des corps les plus inaltérables de la nature et des plus durs ; on le regarde comme l'ornement le plus précieux. Ainsi que nous l'avons dit, le carbone combiné avec le fer forme l'acier.

La maréchalerie n'emploie guère que le charbon de terre ; on ne se sert de charbon de bois pour son usage que dans les pays boisés éloignés des houillères.

E. *L'air et l'eau* jouent aussi un rôle important dans le travail qui concerne la préparation des fers ; le courant. lancé dans le foyer par l'aspiration et la pression alternatives de l'air par le soufflet, augmente la température en économisant le combustible et le temps. On conçoit aisément que, sans ce puissant auxiliaire, on devrait se servir d'un *feu dormant,* qui dévorerait nécessairement beaucoup de charbon avant de rendre le fer soudant, même dans un four à réverbère. L'eau projetée sur le feu concentre la chaleur sur le lingot qui chauffe; unie à la houille, elle fait brûler celle-ci avec plus d'ardeur; elle est encore indispensable pour opérer le refroidissement des tenailles, des fers assis sur le pied et qui vont y être fixés, ainsi que pour la trempe des ustensiles en acier.

F. *Art de chauffer le fer.* — Pendant que l'on dispose le foyer, il faut souffler doucement à l'effet d'empêcher l'obstruction de la tuyère; avec le tisonnier on débarrasse le fond du foyer, du mâchefer ou crasse vitrifiée qui a pu s'y déposer; on rassemble avec la pelle le charbon grillé, sans y mêler des cendres ou fraisil; on dépose alors le lingot, sa convexité tournée, s'il est déjà courbé, vers le courant d'air lancé par le soufflet; on ajoute du charbon frais mouillé; une croûte se forme bientôt et se soulève à ses bords; quand le charbon est embrasé, on remue légèrement le fer pour le décoller de cette espèce de voûte ou couvercle qui s'étend au-dessus de tout le foyer, et enfin on reconnaît qu'il est soudant, lorsqu'il est devenu blanc et que sa surface présente l'aspect d'un vernis luisant.

L'essentiel pendant cette opération, c'est d'empêcher le métal de se brûler : pour l'en préserver, il suffit de jeter à la surface du lingot soit de l'argile, soit de la brique tendre, réduites en poudre, ou bien du sable; ces substances, en se fondant, enveloppent le fer d'un vernis protecteur qui l'isole du contact de l'air, sans cesse renouvelé, et l'oxygène, ne l'atteignant pas à nu, ne s'y fixe pas.

G. *Art de forger.* — Le travail à l'enclume est le

second point important de la préparation des fers; en voici les préceptes :

Position du corps : Le corps doit être droit, placé vis-à-vis du bras carré, le bras rond étant à gauche, et s'incliner légèrement à chaque coup de ferretier; le forgeur ne doit être ni trop rapproché ni trop écarté de l'enclume, car dans le premier cas le frappeur pourrait l'atteindre, et dans le second il éprouverait de la gêne.

Manière d'agir avec les tenailles à forger et d'en saisir les objets. — Supposant la tenaille tenue de niveau ou horizontalement, les deux manches étant placés l'un au-dessus de l'autre, on tient celui de dessous dans le creux qui sépare le pouce du doigt indicateur de la main gauche; il suffit alors d'ouvrir ou de fermer les doigts, pour produire l'écartement ou le rapprochement des mors.

Manière de fonctionner avec les marteaux. — Le ferretier du forgeur doit déjà être levé au moment de la chute du marteau de devant, et chaque coup doit suivre de près ce dernier, de sorte que le forgeur frappe le second; il en résulte qu'en attendant la chute du gros marteau de l'aide, le fer peut être facilement retourné. Le bras armé du ferretier doit être délié dans tous ses mouvements, c'est-à-dire qu'il ne doit laisser remarquer aucune roideur dans l'épaule, le coude ni le poignet. On doit en outre s'attacher à frapper plutôt juste que fort, et présenter le fer à propos sous les coups de l'assistant. Les premiers coups du ferretier doivent être donnés en pince et se suivre de proche en proche, en allant vers le bout des branches, lorsqu'il s'agit de souder en lopin, d'étendre, de bigamer, de rabattre les contre-perçures et d'ajuster (1).

Il ne faut jamais frapper au hasard et sans discernement ; les coups vigoureux doivent être adressés sur les points trop épais ou trop larges. L'apprenti qui a acquis l'habitude de saisir les objets de l'une et de l'autre des deux mains avec les tenailles, et qui sait carrer un morceau de fer, peut-être considéré comme sachant forger, le reste s'apprend par l'usage.

Principes élémentaires de l'action de forger.

1° *Carrer,* c'est l'exercice fondamental.

2° *Contre-forger,* c'est carrer en deux temps, c'est-à-dire, en présentant une face du fer au marteau de l'aide, et frappant soi-même sur l'autre alternativement.

3° *Dégorger,* c'est contre-forger dans le fond de la voûte du fer, près des tenailles (la première branche étant faite), et en levant peu à peu la main gauche à l'effet de donner un commencement de courbure.

4° *Monter à cheval,* c'est achever de donner la courbure au fer, en frappant alternativement avec le ferretier sur la branche forgée, et en le présentant à plat pour recevoir le coup du marteau de devant. On doit toujours faire attention à ce que le fer soit droit sur son plat.

5° *Bigorner,* c'est donner au fer, posé de champ sur le bras rond de l'enclume, la tournure qu'il doit

(1) Tout le monde sait qu'un morceau ou fragment de fer convenable pour faire un fer de cheval s'appelle *lopin.* Le *lopin neuf* se coupe à la barre ; ou la fend si elle est trop large et on en coupe une longueur voulue, si c'est du fer cavalier. Le *lopin bourru* est une espèce de lingot préparé avec de vieux fers.

avoir, en frappant sur la rive externe. Pendant l'action de bigorner, la main qui serre les tenailles doit être tournée de manière que les ongles des doigts soient en dessus à la hauteur de la table de l'enclume, et les premiers coups du ferretier (tenu en sorte que son manche corresponde à la direction de la tenaille) doivent commencer en pince et se suivre jusqu'aux éponges, comme nous l'avons dit. Il est toujours désagréable à la vue et fatigant pour l'ouvrier, lorsqu'il tient son ferretier d'équerre avec les tenailles, et qu'en bigornant il ouvre les bras pour tourner son fer et le suivre en frappant tout à l'entour du bras rond, au lieu de relâcher et de reprendre le fer, la main gauche restant toujours dans sa première position, en même temps que les coups tombent d'aplomb sans discontinuer sur le haut.

6° *Étamper,* c'est pratiquer avec l'étampe les cavités à quatre faces qui doivent retenir les têtes des clous. On les perce en frappant à deux marteaux, le ferretier tombant le second. Voici la règle pour étamper les fers de devant : placez le bout de chaque branche sur une des deux rives de l'enclume; tenez l'étampe de la main gauche de manière à ce que la direction de son manche fasse équerre avec la face de l'enclume; percez la première étampure (*a*, fig. 14), faites tourner le fer sur l'enclume en tenant l'étampe

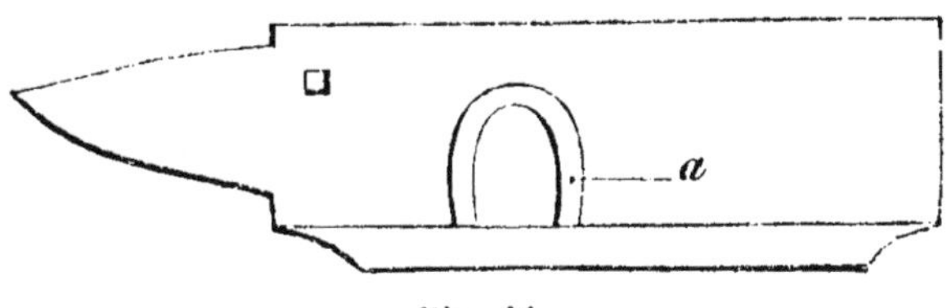

Fig. 14.

dans la voûte du fer et en dehors avec le ferretier posé sur l'enclume, pour que la pince réponde à droite et que les bouts des éponges croisent la longueur de la table, percez alors les deux étampures de la pince (*f, c,* fig. 15), sur deux lignes qui passe-

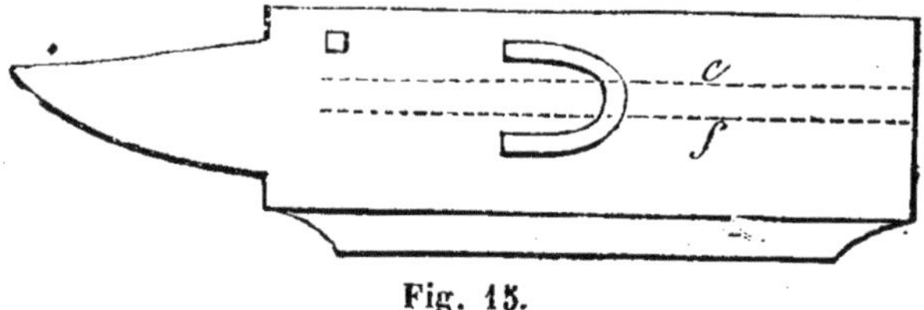

Fig. 15.

raient par la pince. Pratiquez ensuite l'étampure du talon de dedans (*d,* fig. 16), sur le prolongement sup-

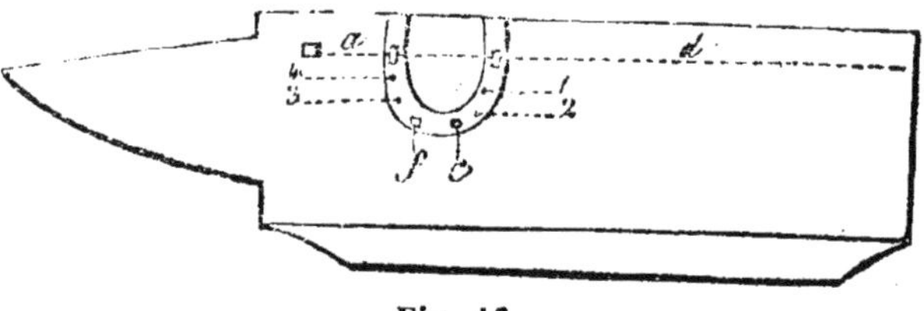

Fig. 16.

posé d'une autre ligne qui passerait par le centre de l'étampure de l'autre branche. Partagez après cela les deux intervalles qui restent à remplir, chacun en trois parties égales, en perçant les étampures marquées par les points 1, 2, 3 et 4. Le bord extérieur du fer, à l'endroit que l'on étampe, doit toujours être tourné à droite de l'opérateur : 1° pour juger si les étampures sont bien percées, sans être ni trop maigres ni trop grasses; 2° pour voir si la rive résiste. Voilà une théorie toute simple, qui met le compas dans l'œil et qui remplace l'habitude des meilleurs forgeurs routiniers. On peut aussi, comme eux, percer deux étampures à la première branche forgée et percer les autres lorsque la seconde est terminée ; mais cela ne nuit en rien à l'application du principe théorique. Étamper s'entend aussi de l'action de tracer la *rainure à l'anglaise*.

7° *Contre-percer*, c'est achever les trous avec le poinçon, en en chassant la pointe d'un coup de ferretier dans le milieu de chaque étampure, le fer étant placé sur un billot en bois.

8° *Quant à l'ajusture,* nous en avons déjà parlé au chapitre Ier à propos des fers ordinaires; nous ajouterons seulement que, pour bien ajuster en pince et en mamelles, il faut se servir d'une petite tenaille à mors minces du bout ; on saisit d'abord la pince par le bord extérieur, le mors de dessous posant sur l'enclume, on frappe sur le milieu de la largeur de la branche avec un ferretier à bouche petite et arrondie ; on en fait autant aux mamelles, que l'on suit en diminuant jusqu'aux branches, mais avec la précaution de disposer celles-ci de telle sorte qu'elles posent parfaitement à plat. Quant à l'ajusture dite anglaise, c'est un talus que l'on bat dans l'épaisseur de la rive interne, comme nous avons dit.

CHAPITRE III.

APPLICATION DES FERS.

Ferrer sans rien connaître de la composition du pied, ni du mécanisme de ses mouvements, ni de ses autres fonctions, c'est agir au hasard ; ou bien il faudrait admettre que le premier venu, qui sait forger et limer, est capable par cela de construire des pendules, des instruments de précision, ou de réparer et entretenir toute espèce de machines, que connaissent seulement les hommes spéciaux, munis de connaissances approfondies en mécanique. Il est tout naturel de ne connaître que ce que l'on a appris; toute autre prétention est ridicule, comme celle de vouloir guérir les maladies des animaux sans avoir fait aucune étude médicale. S'il suffisait de s'attribuer ainsi des capacités pour être réellement utile à la société, surtout en ce qui concerne les applications de la science, il n'y aurait rien de mieux à faire que de fermer les universités et les écoles spéciales; mais le plus simple bon sens dit lui-même qu'il n'en est pas ainsi, même pour les arts manuels, comme la maréchalerie; voilà pourquoi nous disons que tout maréchal ferrant qui n'a aucune idée de la structure du pied ne sait jamais si ce qu'il fait est bien ou mal, pas plus qu'un manœuvre, qui agit à l'aventure, sans raisonnement et sans principes ; et malgré cela chaque ouvrier se croit capable de ferrer bien mieux que tout autre. On conçoit que cette vanité excessive, égale à l'ignorance de celui qui en a le sentiment, entretient la routine aveugle, si préjudiciable à des intérêts multipliés, intérêts que pourrait seul sauvegarder l'art réel, positivement appuyé sur la théorie rationnelle.

A. *Structure du sabot.* — Ainsi que nous l'avons dit dans l'introduction, le sabot du cheval n'est pas une partie inerte, résistante, comme une pièce de bois massive; c'est au contraire une enveloppe flexible, qui protége les organes qui l'ont produite et la font croître; on conçoit donc qu'il est *curieux*, et surtout *nécessaire*, de savoir, avant tout, comment cette espèce de chaussure naturelle est formée de trois portions ou espèces de corne, provenant chacune d'une source particulière, comme autant de pièces distinctes, mais unies, ajustées, liées entre elles, de manière à former un véritable appareil élastique.

Le pied termine chaque membre, tout le monde sait cela; mais nous devons faire remarquer que le nombre des doigts n'est pas le même chez tous les animaux domestiques susceptibles d'être ferrés. Le doigt est unique dans le cheval, l'âne et le mulet; ils sont pour cela des animaux monodactyles; il y a deux doigts chez les ruminants, comme le bœuf, le seul parmi eux que l'on ferre; ces animaux, à pieds fourchus, sont les didactyles. Le pied, qu'il soit simple ou double, est revêtu d'une boîte de corne (l'ongle ou le sabot). Cette boîte doit avoir une étendue, une inclinaison et une direction en rapport avec les autres parties, et au même degré d'un côté que de l'autre.

L'appui doit se faire sur le contour de l'assiette ou de la face plantaire. Les pieds de devant sont plus arrondis, plus larges et plus élastiques que ceux de derrière, à cause que ceux-ci ont les talons plus forts; le quartier de dehors fait un circuit un peu plus grand que l'autre, et la corne a moins d'épaisseur aux talons des pieds de devant, et surtout à celui de dedans, qu'à ceux de derrière.

Le sabot, encore souvent appelé pied, se compose, avons-nous dit, de trois pièces : ce sont la *muraille,* la *sole* et la *fourchette.*

1° La *muraille,* seule partie qui s'aperçoive quand le pied pose à terre, a deux parties d'un soulier, une extérieure comme l'empeigne, oblique et large, en pince, va en diminuant vers les talons; l'autre, intérieure, plus étroite, est placée entre la sole et la fourchette, qu'elle joint ensemble après s'être repliée en dedans pour former les arcs-boutants. On peut se faire une idée de cette disposition de la muraille en se représentant un cercle, dont un côté serait rentré dans l'autre de manière à donner la forme d'un quartier de lune; les cornes, assez fortement rapprochées, seraient les talons. Le vide existant entre les deux bords renfermerait la sole, tandis que le creux existant entre les cornes et le fond du petit côté serait rempli par la fourchette. On pourrait également simuler la muraille avec une cravate de cuir, dont on ferait rentrer le côté de derrière, d'abord fermé, dans la partie qui vient en avant sous le menton.

Le milieu de la muraille extérieure, en avant, est la pince; les côtés de celle-ci sont les mamelles, une interne, l'autre externe; le reste de l'étendue, en dedans et en dehors, jusqu'aux talons, forme les quartiers; les talons sont précisément le repli des deux parties de la muraille.

Il est essentiel de remarquer que les arcs-boutants ne sont pas plantés droit, mais inclinés en dehors, pour que, sous la pression, ils puissent faire ressort.

La face extérieure de la muraille est recouverte d'une espèce de vernis luisant, qui empêche le dessèchement de la corne; en dedans, elle présente des feuillets qui s'engrènent avec d'autres feuillets semblables, dont les parties vives et sensibles sont aussi recouvertes. Le bord supérieur, ou la couronne, est creusé en dedans comme une gouttière, pour loger le bord de la peau, d'où toute cette corne provient; le bord d'en bas se joint avec la sole.

La muraille est formée de fibres qui semblent être des poils collés ensemble comme les soies d'une brosse ou d'un pinceau, que l'on aurait trempées dans quelque substance gluante. Dans l'état naturel, la muraille n'est produite que par le bord de la peau de la couronne, dont nous venons de parler, et la preuve, c'est que son épaisseur reste la même, pendant qu'elle croît, en s'allongeant, par avalure. L'excédant ou superflu se perd au bord d'en bas, par l'usure ou par l'instrument tranchant.

2° La *sole* semble être formée de deux pièces ovales, réunies du côté de la pince; cette pièce, un peu bombée en dessus, est comme enchâssée entre les deux murailles La corne de la sole, au lieu d'être filamenteuse comme la muraille, est écailleuse et se régénère par couches.

3° La *fourchette*, portion de corne spongieuse,

ayant la forme d'un coin, se trouve entre les deux talons, et remplit l'espace qui sépare les arcs-boutants, ou le contour de la muraille interne. Elle croît comme la sole et se renouvelle par lambeaux. Chaque talon est enveloppé d'un prolongement de corne molle, venant de la fourchette, et de là il part une bandelette en forme de cercle, qui borde la couronne comme pour unir la peau à la muraille ; ce cercle, qui s'étend ainsi d'un talon à l'autre et que l'on appelle le périople, est gonflé et blanchi après l'emploi des bains de pieds ou de cataplasmes émollients.

Telle est la structure du sabot du cheval ; celui de l'âne et celui du mulet n'en diffèrent que parce qu'ils sont plus petits, à proportion du volume du corps ; ils sont aussi plus creux, plus allongés, plus durs et exempts de beaucoup de défectuosités fréquentes chez le cheval. Le pied de ces animaux n'est jamais plat, ni comble, ni affecté d'oignons, et il s'use moins promptement. Le mulet est cependant souvent rampin et sujet aux seimes en pince ; l'âne, qui marche le plus souvent sans fers, est exposé à avoir le pied de travers.

Le tissu corné, macéré pendant un certain temps dans l'eau ou exposé à la chaleur, devient mou et susceptible de prendre les formes les plus variées. Sur l'animal vivant, il devient souple par l'usage de bains, de cataplasmes émollients, comme ceux de mauve, de graine de lin, et par le contact de substances grasses. Râpé et exposé à l'air, il se dessèche, se fendille et devient cassant.

Les deux sabots du bœuf, réunis, ont aussi ensemble une forme ovalaire, coupée en arrière. Chacun de ces sabots se compose d'une muraille et d'une sole qui semblent représenter la moitié d'un pied de cheval. La muraille est plus mince ; la gouttière de la couronne, plus large, est moins profonde, et du côté de la séparation des onglons elle a le même aspect que si les arcs-boutants du cheval s'étendaient jusqu'à la pince. La corne (presque toujours noire ou blanche) est moins résistante et surtout moins épaisse que dans les animaux à un sabot. Il n'y a pas de fourchette, mais le derrière de la sole présente un gros tubercule mollasse, qui en tient lieu.

B. *Élasticité du pied.* — La boîte cornée des solipèdes, ou sabot, si solide, si résistant en apparence, présente néanmoins une certaine flexibilité élastique dans les parties qui la composent, flexibilité susceptible de lui permettre de céder et de réagir, afin d'affaiblir le choc et la pression du poids du corps sur le sol. On observe l'existence de cette propriété essentielle du pied chez les chevaux fins, même sans y prêter grande attention, surtout aux pieds de devant, ce qui dépend de la flexibilité plus grande des quartiers. C'est pour cette raison qu'une mauvaise ferrure les détériore plus rapidement que dans la grosse espèce. Cette détérioration se produit peu à la fois, mais elle arrive bientôt au point d'estropier les chevaux, sans que le maréchal non instruit s'aperçoive du mal qu'il a fait.

Voici comment l'élasticité du sabot se produit. 1° L'écartement des extrémités du cercle représenté par la muraille extérieure a lieu au moment de l'affaissement opéré par la pression du poids du corps sur les arcs-boutants, qui alors écartent les talons, en raison de leur inclinaison en dehors dont nous avons parlé. On se fait une idée exacte de cet effet avec une visière de casquette assez roide et bombée; en effet, étant placée sur une table, on voit qu'à la moindre pression exercée sur le haut elle fléchit de manière que les côtés s'écartent, pour revenir ensuite à son premier état. 2° L'obliquité naturelle du paturon, reportant la masse en arrière, ajoute aussi beaucoup à la souplesse des parties inférieures, telles que le coussinet plantaire ou corps pyramidal, qui forme la base de la fourchette, ainsi que les fibres-cartilages latéraux du pied qui sont les tuteurs des talons.

L'élévation des talons ayant aussi une grande influence sur l'élasticité du pied, il importe de la mentionner : quand les talons sont élevés, l'os du paturon et celui de la couronne s'abaissent, et il en résulte le même effet que si le tendon était subitement allongé; dès lors l'expansion des quartiers est plus forte; lorsqu'au contraire les talons sont bas et la pince allongée, le paturon se tient plus droit, le pied est moins élastique, les aplombs sont faussés, les tendons tiraillés, puis ils deviennent bientôt chauds, douloureux et se raccourcissent; c'est ainsi que la nerf-ferrure précède la ruine des chevaux.

On démontre la théorie de l'élasticité du pied, telle que nous venons de l'expliquer, en attachant aux deux quartiers une petite machine ressemblant à un compas et disposée en demi-cercle, pour mesurer exactement la dilatation qui se produit quand le cheval est mis en mouvement dans ses diverses allures, et voici ce que l'on remarque : le pied neuf, c'est-à-dire celui qui n'a pas encore été ferré, se dilate d'un quart à un demi-pouce; celui qui a déjà été ferré depuis un certain temps, quoiqu'il ne paraisse pas encore altéré, ne se dilate déjà plus que d'un huitième de pouce, et d'autant moins ensuite que la ferrure employée jusque-là emprisonnait le pied plus complétement, en le tenant sans mouvements. A la fin, l'immobilité de toutes les parties élastiques est complète, et il arrive quelquefois alors que si le cheval marche, étant déferré, le peu de jeu que ces parties reprennent momentanément, occasionne de la sensibilité, à peu près comme le prisonnier souffre de sa mise en liberté après une longue incarcération.

C. *Altérations de la corne; vices de conformation et déformation du sabot; irrégularités dans les mouvements des membres.*—Lorsque la sécrétion du tissu corné est devenue anormale, il y a ce que l'on appelle *vice de nutrition*, ce qui provient ou d'un changement survenu dans le mode d'action et de vitalité des parties qui le produisent, ou bien d'une influence extérieure, agissant directement sur la corne elle-même. L'*aridité de l'ongle* est toujours un signe évident de détérioration, et quelquefois cette dureté, qui semble indiquer une grande résistance, fait bientôt place à un défaut complet de consistance, lorsque le ramollissement a eu lieu par l'usage de corps gras; cela n'arrive que rarement, et, malgré cette particularité, c'est toujours le remède le plus efficace que l'on puisse employer en cas semblables.

Les *seimes* ou *fissures* sont des fentes qui se forment à la muraille dans le sens des fibres; à la pince on les appelle soies, seimes en pied de bœuf; en quartier, elles sont dites seimes quartes. Les premières sont plus fréquentes aux pieds de derrière qu'à ceux de devant, surtout chez les chevaux rampins, et le quartier de dedans, aux pieds de devant, étant celui qui offre le moins de résistance, devient aussi le plus souvent le siége de la seime quarte. Les sabots arides, secs, cassants, sont ceux qui se fendent avec le plus de facilité et de fréquence, mais elles sont alors assez souvent incomplètes. Les animaux n'en boitent que quand elles vont jusqu'au vif et qu'il est pincé. La seime peut être causée aussi par la formation, entre corne et vif, d'une excroissance de corne, qui nécessite une opération chirurgicale.

Les cercles à la muraille indiquent aussi qu'elle se nourrit mal, par l'effet d'un état particulier des parties sensibles et principalement de la peau de la couronne.

La *fourmilière* est un amas de corne semblable à celle de la sole qui s'interpose entre la muraille et l'os du pied en pince. Une bosse, quelquefois même une épaisseur de plusieurs pouces, survient alors à cette partie : la corne se relève et se garnit de cercles, en même temps qu'une saillie nommée *croissant* apparaît à la sole en avant de la pointe de la fourchette.

Le *faux-quartier* est quelque chose d'analogue à la fourmilière, qui vient sur les côtés.

L'*oignon* est un durillon plus ou moins élevé qui se développe à côté de la fourchette, tantôt d'un côté seulement, tantôt des deux côtés à la fois. C'est un défaut qui provient le plus souvent de l'os.

La *sole baveuse* est celle qui est molle et mince en certains endroits.

La *bleime* est une rougeur de la corne des talons et qui fait boiter le cheval.

La *fourchette échauffée* est une irritation des parties vives que la corne recouvre, celle-ci se décolle alors en lambeaux. Le mal porté jusqu'à l'ulcération s'appelle *fourchette pourrie*.

Quand le paturon est trop long, le cheval est dit *long-jointé*, le pied présente alors une apparence qui rappelle la forme de la *patte du canard;* on dit que le cheval est *court-jointé*, dans le cas contraire, et alors il est plus ou moins droit sur ses membres. Quand le boulet est porté en avant, le *cheval est bouleté;* dans ce cas, l'appui se fait le plus souvent du côté de la pince, et on l'appelle *rampin* ou *pinçard.* On voit cependant quelquefois que, malgré cette déviation du boulet, l'appui a lieu sur toute l'assiette du sabot; cela dépend de ce que c'est plutôt l'un que l'autre des deux tendons fléchisseurs qui se trouve retiré ou raccourci. Le pied du *cheval cagneux* est tourné plus ou moins en dedans; il l'est en dehors, au contraire, quand il est *panard.* Le cheval *panard,* vulgairement appelé *français,* peut se couper avec le talon de dedans, tandis que celui qui est cagneux peut se blesser à l'autre membre avec la mamelle du fer.

Le développement du sabot peut être excessif ou incomplet : il y a excès, quand le pied est *volumineux* (*pied de chair, à corne luisante mais mince, pied trompeur, facile à brûler et à piquer*); *plat* ou *comble* (*plein, à grosse et grasse fourchette*); *prolongé en pince; trop haut des talons.* Au contraire, le défaut opposé existe dans le pied *petit* (en proportion du corps), *court, faible, à talons bas.*

Les vices accidentels de conformation du pied s'expriment ainsi : le *pied dérobé* a la muraille éclatée, ébréchée dans une grande étendue; le *pied encastelé* est très-rétréci et serré, surtout au pourtour de la couronne; le *pied de travers* a un quartier rentré et l'autre sorti; le *pied à talons serrés* a les talons plus ou moins rapprochés et la fourchette détruite en tout ou en partie; le *pied étroit* présente une longueur excessive en comparaison de sa largeur.

Les principales irrégularités dans les mouvements des membres sont les suivantes : *billarder,* c'est l'action de jeter le pied en dehors de la ligne du corps, lorsque le genou fléchit pendant la marche; *faucher,* c'est décrire un demi-cercle avec le membre en marchant; *se couper,* c'est l'effet d'une blessure que produit le choc du membre opposé du côté interne; *forger,* c'est frapper de la pince des pieds de derrière en marchant sur ceux de devant; enfin, le *pied pivote* sur la partie antérieure du sabot pendant son appui sur le sol, en même temps que le jarret se porte en dehors. On a aussi appelé *jarret faible* ce dernier défaut.

D. *Application de la ferrure ordinaire.* — La ferrure est l'action de retrancher l'excédent du sabot et d'y fixer un fer convenable. Nous allons d'abord exposer les principes qui concernent la ferrure ordinaire, hygiénique ou conservatrice des pieds sains et bien conformés; viendront ensuite les divers traitements réclamés par les altérations de la corne, les défectuosités, etc., c'est-à-dire les ferrures curatives.

Ainsi que nous l'avons fait pour l'action de forger, nous allons poser les préceptes les plus essentiels concernant l'action de ferrer.

1° *Examiner préalablement l'état du pied, la hauteur des quartiers, leur force, leur direction, etc.*

2° *Maintenir l'animal et fixer le pied.* — Il est essentiel de remarquer que souvent les chevaux sont difficiles à ferrer, parce que la position dans laquelle on les place leur cause de la gêne ou de la douleur; par exemple, quand on tient longtemps levé le pied à ferrer, l'autre étant souffrant; quand le genou ou le boulet sont sensibles et qu'on les tient tordus; quand la corde est trop serrée; quand le pied de derrière est attaché à une barre trop élevée. On tient les pieds levés à l'aide du travail (c'est l'usage en Belgique) ou à la main, avec ou sans l'assistance d'un aide. Voici la manière de lever les pieds gauches, celui de devant et celui de derrière, pour être tenus à la main. Pour lever le pied de devant, tournez le dos vers la tête du cheval, pendant que la main gauche s'appuie sur le garrot, saisissez le paturon de l'autre main, fléchissez-lui le membre, réunissez les deux mains au paturon sans embrasser l'avant-bras, les pouces étant réunis en dessus, près des talons; avancez en même temps votre jambe gauche et tenez le genou du cheval dans l'aine, mais assez en dedans pour pouvoir porter le pied levé en dehors, c'est-à-dire écarté du coude. Pour lever le pied de derrière, tournez encore le dos du côté de la tête du cheval, tenant la queue de la main droite; prenez le milieu du canon avec la main gauche et en dedans, tirez en avant pour fléchir le jarret, abandonnez la queue pour prendre le paturon de la main droite, portez votre jambe gauche en avant, en même temps que vous passerez le bras du même côté au-dessus du jarret, et joignez les mains ensemble, comme nous l'avons dit pour le pied de devant. Pour lever les pieds droits, on s'y prend de la même manière, seulement on change de main. L'aide qui tient le pied d'un cheval difficile ne doit pas lui résister avec trop de violence, ni chercher à lui tenir le pied fixe; il faut, au contraire, que, sans le lâcher, il cède un peu en suivant les mouvements. Il faut encore agir de même à l'égard des chevaux qui comptent, c'est-à-dire ceux qui ont l'habitude de retirer le pied à chaque coup de brochoir.

Pour tenir le pied seul, le ferreur doit serrer le pied de devant entre ses jambes ; quant à celui de derrière, le boulet fléchi doit s'appuyer dans l'aine gauche, s'il s'agit de tenir levé le pied gauche, et dans l'aine droite, si c'est le pied droit qui doit être tenu.

La position de la tête et de l'encolure ne doit pas être négligée pour influer sur les mouvements des membres; à cet égard, voici la règle. Élever la tête pour faciliter l'action de lever les pieds de devant, et on la porte du côté opposé au pied qui doit être levé. Pour les pieds de derrière, c'est le contraire.

Pour ce qui regarde la moraille et le torche-nez, ce sont des moyens violents souvent utiles chez les chevaux réellement méchants, mais il ne faut cependant pas en abuser, car la douceur mérite bien souvent la préférence : du reste, le choix de ces moyens dépend du caractère des animaux.

Nous ne dirons rien de la manière de lever et de

fixer les pieds au travail, ni de l'emploi des soupentes et de la corde à la queue, tous les maréchaux connaissent cela. Cependant nous recommandons de tenir ces soupentes et la corde à la queue simplement tendues.

3° *On commence l'exécution de la ferrure par déferrer, si le pied n'est pas nu.* Pour cela on emporte d'abord les rivets avec le rogne-pied et le brochoir, alors on soulève le fer avec la tricoise, en basculant sur une éponge à la fois, comme si on voulait tirer les talons vers la pince, celle-ci étant fortement soutenue, pour éviter de tirailler les jointures. Par ces efforts, répétés avec précaution, on entraîne les lames brochées, et en donnant avec la même tricoise un coup sur le fer, pour le rabattre sur le pied, les clous se trouvent dans une telle situation, qu'on peut les pincer sous la tête ; on passe d'une branche à l'autre et puis à la pince. On nettoie ensuite le pied avec le rogne-pied, puis on s'arme du boutoir pour blanchir le pied, c'est-à-dire pour abattre d'abord le plus gros de l'excédent de la corne.

4° *Après cela l'on choisit ou l'on forge et l'on ajuste le fer*, conformément à la tournure du pied, sans jamais tailler le sabot en vue de le rendre propre à la forme d'un fer qui ne serait pas convenable, mais que l'on voudrait faire servir pour abréger la besogne. Le soin de faire poser les branches à plat est toujours une importante nécessité. On doit proportionner le poids du fer à la force du pied et au volume du corps du cheval.

5° *On pose ensuite le fer,* légèrement chauffé, assez pour griller la corne, mais pendant un instant très-court, puis on pare en coupant les points grillés par le fer, en évitant de creuser de manière à donner aux talons la moindre tendance au resserrement d'un quartier à l'autre; nous insistons beaucoup sur ce point, car le pied n'a jamais besoin d'être resserré. Il ne faut pas non plus parer trop près du vif (jusqu'à la rosée), ni abattre les talons, même à plat, jusqu'à produire le tiraillement du tendon.

6° *Le fer posant bien, il s'agit de le fixer en brochant les clous*, ceux-ci étant choisis d'une force proportionnée à celle du pied et préalablement affilés. On broche à petits coups, si le petit volume ou la délicatesse du pied l'exige, et l'on observe en tous cas que le point de sortie corresponde à l'étampure, et à une égale hauteur. Il reste après cela à former les rivets, chacun dans une petite entaille faite avec le rogne-pied, et à emporter avec le même instrument l'excédant du contour du pied; le coup de râpe vient en dernier lieu, observant de ne point dépasser la hauteur des rivets, car, plus haut, le vernis de la muraille doit être soigneusement conservé.

Nous ne décrirons pas les instruments à ferrer, qui consistent dans le *boutoir ordinaire*, le *boutoir anglais* ou *couteau rainette*, le *brochoir* ou marteau, la *tricoise*, le *rogne-pied* et la *râpe*. Nous dirons seulement que le boutoir est préférable au couteau anglais, excepté quand on ferre en tenant le pied soi-même.

E. *Ferrure ordinaire podométrique.*—M. *Riquet* jeune, l'un des vétérinaires principaux de l'armée française, chevalier de la Légion d'honneur, a établi un système de ferrure à froid que nous devons mentionner ici. On l'appelle encore ferrure podométrique, parce que, pour préparer le fer, le maréchal se sert d'un *podomètre* ou espèce de mesure en demi-cercle formée de petites pièces articulées par charnières ; la figure 17 représente le podomètre appliqué sur un pied.

Cette invention a fait le sujet de longues discus-

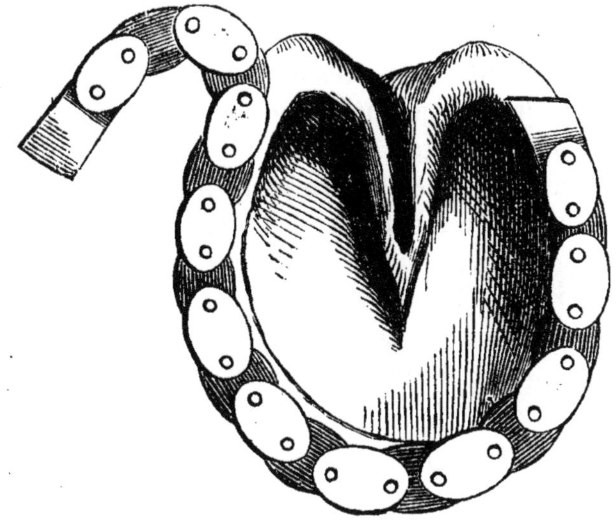

Fig. 17.

sions parmi les vétérinaires français : les uns se sont prononcés en sa faveur, les autres ne l'ont point admise comme étant supérieure à la ferrure à chaud. Nous nous réservons d'en donner une description détaillée avec l'exposé des avantages qui peuvent en résulter, lorsque l'expérience et nos propres observations les auront confirmés.

F. *Traitement des pieds défectueux ou ferrures réclamées par les différentes altérations de la corne et autres anomalies.* — Voici avant tout quelques moyens accessoires : un morceau de feutre de chapeau ou de cuir peut être utile pour rehausser un point plus ou moins étendu de l'assiette du pied. Un mastic susceptible de se solidifier promptement s'emploie pour remplir une fissure à l'effet d'empêcher le pincement du vif (par exemple le mélange de plâtre recuit avec la térébenthine et même le mastic de vitrier). Enfin on se sert de gutta-percha ramollie dans l'eau chaude pour remodeler un pied délabré; on polit ensuite les pièces ainsi recollées en promenant un fer légèrement chaud sur leur surface. Certains corps gras, tels que l'axonge, l'huile de poisson, seule ou mêlée avec la cire pour lui donner plus de consistance, l'onguent de pied, etc., servent à assouplir le sabot desséché. Un auxiliaire dont on se sert avantageusement à cet effet est la bottine de cuir, fendue derrière les talons, liée au paturon au moyen d'une courroie bouclée (figure 18).

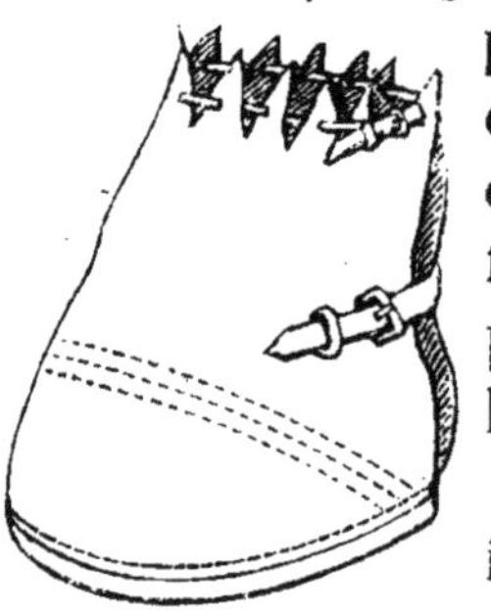

Fig. 18.

Principes généraux. — Quand il s'agit de visiter ou de referrer un pied sensible ou douloureux, il faut agir avec beaucoup de modération. Le pied souffrant étant blanchi, on le sonde, soit en frappant doucement avec un morceau de bois ou le brochoir sur la muraille, soit en comprimant la sole dans son pourtour avec les mors de la tricoise. Quand on le déferre, il faut examiner les lames retirées l'une après l'autre.

1° *Traitement du pied qui a une seime.* Lorsque la seime est en pince, il faut retrancher du pied en même quantité partout, s'il est du reste bien conformé, et l'on applique un fer ordinaire ayant un pinçon de chaque côté de la fissure, au bas de laquelle on a pris soin de couper une échancrure, de manière à empêcher ses bords de presser sur le fer.

On conçoit que ce traitement, qui consiste à empêcher le pincement du vif, est le plus souvent un palliatif ; cependant un maréchal adroit peut, en l'appliquant bien, amener la guérison en beaucoup d'occasions, à moins qu'une des chevilles de corne dont nous avons parlé, et qui se développent quelquefois sous la muraille, ne complique la seime. D'autres moyens doivent encore être employés en certaines circonstances, ce sont : les onctions de corps gras avec ou sans la bottine de cuir, l'amincissement des bords de la fente, l'introduction d'un mastic dans la rainure, dont les bords doivent non-seulement être maintenus en bas avec deux pinçons, mais encore en remontant vers la couronne au moyen d'une ligature maintenue par deux petites vis à bois, implantées dans l'épaisseur de la muraille, à un ou deux millimètres de profondeur.

Voici le moyen de rendre ces vis inébranlables et de se donner une grande facilité pour les placer : la vis étant apprêtée, et le mastic bien durci dans la seime, on perce un petit trou dans la corne, avec un fer chaud ayant un pivot limité par un épaulement, à l'effet de ne lui permettre de griller et de ramollir que la superficie du sabot, dans un point très-circonscrit ; après cette opération préalable, on introduit la vis ; la corne ainsi ramollie s'en laisse pénétrer sans résistance, et elle devient, par le refroidissement, plus dure qu'auparavant. Ce moyen de contention est nécessaire jusqu'à ce que le bourrelet de la couronne, ou l'avalure, soit descendu à peu près jusqu'en bas. Il est facile de comprendre ce qui se passe pendant ce traitement : le mastic empêche les bords de faire ressort par la pression du poids du corps, et conséquemment le pincement cesse d'avoir lieu, au moment où le pied se détache du sol pour se lever ; d'autre part l'agrafe ajoute à cette solidité, si bien que la corne nouvelle ne se fend plus à mesure qu'elle descend, comme cela a lieu, même en ferrant avec deux pinçons.

Quand la seime est en quartier, on y abat la corne et on emploie le fer à planche, si la fourchette est assez bonne pour prêter son appui.

Lorsque ces moyens, qui appartiennent à la maréchalerie, ne suffisent pas, une opération chirurgicale, du ressort du vétérinaire est nécessaire, et l'on y a recours.

2° *Traitement du pied affecté de la fourmilière ou d'un faux-quartier.* — Ici il n'y a qu'une ferrure protectrice à mettre en usage, car ce sont des maladies incurables, à moins que la double sécrétion cornée qui se produit alors sous la muraille ne soit pas trop abondante pour pouvoir disparaître par avalure. Parez comme l'assiette du pied le demande, ayez l'attention de ne pas faire une plaie saignante, ou une brûlure sur le croissant, s'il est bien prononcé, car la corne y est mince, et donnez à votre fer la largeur suffisante en voûte pour protéger ce point sensible. Ce fer plus couvert en pince qu'ailleurs est appelé *fer à croissant*.

3° *Traitement du pied à oignons.* — Les précautions et les principes à observer dans ce cas sont les mêmes que pour le croissant ; la différence, c'est que l'augmentation de largeur se trouve ici en branche, d'un côté s'il n'y a qu'un oignon, et des deux côtés à la fois s'il en existe deux.

4° *Traitement de la sole baveuse.* — Parez avec précaution pour ne pas entamer le vif, et employez un fer couvert léger.

5° *Traitement de la bleime sèche.* — Ici comme dans tous les cas où la corne est aride et sèche, et qu'elle comprime les parties sensibles, les onctions grasses doivent être mises en usage; on obtient aussi le ramollissement du sabot, quand il y a chaleur ou inflammation, avec des cataplasmes de bouse de vache, d'argile, avec le vinaigre, appliqués dès le commencement, ainsi que le papin fait avec de la graine ou de la farine de lin et des mauves cuites; mais ces moyens assouplissants ne conviennent pas lorsque c'est sur la corne seule qu'il faut agir, et en voici le motif : c'est que la corne peut se roidir après avoir été fortement humectée, exactement comme un morceau de cuir qui aurait été trempé dans l'eau. Voilà aussi pourquoi il faut graisser le pied après l'usage des cataplasmes.

Après avoir paré le pied, il faut amincir la sole en talon, partout où il y a de la rougeur, jusqu'à ce qu'elle cède sous la pression du pouce, toutefois sans faire saigner. Après cela on prend appui sur la fourchette, si elle est bonne, en appliquant le fer à planche, et, dans le cas contraire, on raccourcit les éponges, ce qui s'appelle *ferrer à lunette.*

6° *Traitement du pied dont la fourchette est échauffée ou pourrie.* — Nettoyez cette partie du sabot, parez les talons à plat et appliquez un fer court, si, bien entendu, les talons sont bons, ou bien un fer à pantoufle s'ils sont serrés. Faites sécher en même temps avec le mélange de vinaigre et de couperose verte, ou de couperose bleue si le mal est déjà avancé, ou bien encore soit avec l'alun calciné, la suie de cheminée battue dans le blanc d'œuf, soit avec l'onguent égyptiac. La marche dans la poussière des chemins et les terres labourées suffit souvent quand le mal est récent ou peu étendu. Lorsqu'il est dégénéré en ulcère ou crapaud, c'est la chirurgie vétérinaire qui doit intervenir.

G. *Moyens réclamés par les déviations du pied hors de la ligne d'aplomb, avec ou sans manque de proportion dans la longueur du paturon.* — En principe général, dans les anomalies de cette espèce, il faut que la ferrure prépare au pied un appui qui puisse rappeler la ligne d'aplomb vers le centre de gravité du membre ; comme en allongeant la pince, si l'assiette du sabot est trop reculée ; en prolongeant les éponges, si la face plantaire se prolonge trop en avant, et en faisant déborder une branche ou l'autre, selon le degré où un quartier peut être rentré, en même temps que l'autre, plus ou moins dévié en sens contraire, doit être rogné d'autant.

1° *Le pied long-jointé* exige que l'on conserve l'aplomb du pied, que l'on raccourcisse la pince si elle est très-prolongée, et que l'on recule le fer s'il est nécessaire de reporter l'appui en arrière. On ferre à l'ordinaire le cheval droit sur ses membres. Pour celui qui est *court-jointé* au point d'être rampin ou pinçard, on doit parer de manière à éviter de toucher le vif en pince, ou de brûler le pied en cet endroit ; on emploie un fer ayant une pince prolongée, autant que possible, c'est-à-dire autant que cela peut se faire sans forcer l'animal à butter.

2° *Moyens correcteurs qui conviennent aux chevaux cagneux et panards.* — Pour ceux-ci qui, selon l'expression vulgaire, marchent à la française, il faut parer à plat en ayant le plus grand soin de ménager le quartier interne, qui paraît toujours plus haut que l'autre lorsque le pied est levé. Le fer à employer doit être plus épais en dedans qu'en dehors, ou présenter une bosse et avoir la branche de dedans plus courte. Bourgelat, le fondateur des écoles vétérinaires de France, conseille de ne pas raccourcir cette branche, mais de lui donner seulement l'épaisseur nécessaire pour que, lors des foulées sur le sol, l'appui se fasse uniformément sur toute la face plantaire.

Pour le cheval cagneux, on conçoit aisément que les moyens correctifs doivent être opposés à ceux dont nous venons de parler, puisque c'est le défaut contraire. Le cheval panard et celui qui est cagneux peuvent se couper, celui-ci avec la mamelle interne du fer, et le premier avec un point quelconque de la longueur de la branche du même côté.

Si ces ferrures conviennent pour remédier aux déviations du doigt (on appelle ainsi le bas du membre, à commencer au boulet), elles pourraient bien ne pas être sans influence si on les appliquait, convenablement modifiées selon les circonstances, lorsqu'il y a vice de direction dans les rayons supérieurs des membres.

3° Le *pied volumineux* doit être paré avec ménagement, par la raison que sa belle corne lisse et luisante lui donne une apparence de solidité qu'il n'a pas. Employez un fer ordinaire, léger comparativement à son étendue, et étampé plutôt maigre que gras. Il faut prendre surtout des précautions pour ne pas parer dans le vif, ni le brûler, ni le piquer. Les fers trop lourds, employés dans ce cas, écrasent les pieds ainsi conformés, occasionnent des bleimes, des seimes et la fourbure, surtout lorsque la corne est fort tendre.

4° *Ferrure du pied plat ou plein.* — Ne retranchez de la paroi que dans son contour et touchez peu aux talons, à la sole et à la fourchette. Employez un fer plus ou moins couvert selon le degré où le défaut est porté. Nous l'avons déjà dit, le fer couvert est un appareil d'une grande utilité, car étant bien appliqué il peut permettre de conserver d'excellents chevaux de travail à pieds plats, et qui, mal ferrés, ne seraient bons à rien.

Protéger la sole avec un fer couvert simple, en laissant entre les deux un petit intervalle suffisant seulement pour empêcher la pression d'avoir lieu sur la semelle pendant l'appui ; refouler les éponges plus ou moins selon le peu de hauteur des talons, à l'effet de les faire participer ainsi à l'appui, en rétablissant le niveau avec la fourchette, qui, comme nous l'avons déjà dit, est toujours volumineuse ou grasse dans ces sortes de pieds ; telles sont les conditions principales de cette ferrure.

5° *Ferrure du pied comble.* — Le pied comble, c'est-à-dire celui qui fait une saillie en dessous, au point d'être quelquefois presque rond comme une boule, commence toujours par être plat, et c'est en entôlant, c'est-à-dire en voûtant très-fortement les fers, que le défaut s'accroît ainsi. Parez comme dans le cas précédent, employez un fer couvert, plus ou moins ajusté en creux, selon la saillie que forment la fourchette et la sole, mais les éponges posant à plat. Du reste, les mêmes précautions que pour le pied plat doivent être prises pour éviter la compression, sans toutefois laisser trop d'espace entre le fer et le pied; il faut bien prendre garde aussi de ne pas brûler ni percer la sole jusqu'au sang, car cette partie est remarquablement dure, quoique mince, dans les pieds conformés de cette manière.

6° Quant aux *pieds prolongés en pince et à ceux à talons hauts,* il faut abattre les points trop fournis de corne, autant que cela se peut sans fausser les aplombs. Quand les talons pèchent par excès de hauteur, on croirait que le paturon doit toujours être plutôt droit que fléchi en arrière; cependant tout maréchal qui observe a pu voir que bien souvent c'est le contraire ; en effet, qui n'a pas remarqué que des poulains très-bien jointés portaient le boulet très près de terre, surtout aux membres de derrière, avant d'avoir les pieds parés, les talons étant hauts et la pince courte ? On voit dans ce cas le paturon et le boulet reprendre la position naturelle, aussitôt que les talons ont été abattus.

7° Le *pied petit* doit être traité avec les ménagements que réclame son état plus ou moins délicat. On fait garnir le fer bien posé à plat, mais sans aller jusqu'à exposer l'animal à se couper, et l'on n'y broche que des lames très-déliées.

Le fer destiné pour le pied court doit être prolongé en pince, sans le faire déborder pourtant jusqu'à forcer l'animal à butter.

8° Quant au *pied dérobé*, on retranche les éclats qui ne sont pas encore détachés ; le fer doit présenter des étampures où il se trouve de la corne ; on affermit le fer avec un certain nombre de pinçons destinés en outre à empêcher de nouvelles portions de muraille de se briser ; on remodèle ensuite le pied en remplissant les cavités avec de la gutta-percha ramollie dans l'eau chaude, et on régularise ensuite la surface de ces pièces nouvelles, au moyen d'un fer légèrement chauffé : cette substance ainsi traitée s'étend, colle et s'ajuste comme de la poix, mais la grande différence, c'est qu'elle acquiert par le refroidissement la même dureté que la corne. On conçoit que de petits pivots rivés au fer ou implantés dans la corne, lorsque l'excavation est large et étendue, soient une chose nécessaire pour ancrer, en quelque sorte, ces pièces rapportées.

9° *Traitement des pieds rétrécis ou encastelés* (1).—Les moyens de remédier au rétrécissement des pieds ou à l'encastelure consistent : 1° dans l'application rationnelle de la pantoufle ordinaire, pour les cas les moins graves, et 2° dans la pantoufle expansive, lorsque le mal est porté à un haut degré. Abattre les talons, ménager les arcs-boutants et prendre appui

(1) Le mot *incarcéré* rendrait mieux l'idée que l'on doit s'en faire.

sur la fourchette sont des moyens qui ne conviennent pas pour obtenir l'élargissement des pieds rétrécis, parce que l'état de maigreur ou de désorganisation de la fourchette ne permet plus de prendre appui sur elle au moyen du fer à planche, dont la pression ajouterait à celle que la sole exerce en remontant comme une voûte vers les parties profondes, sensibles et comprimées ou peut-être déjà malades. D'un autre côté, abattre les talons, c'est empêcher l'appui du pied, restreindre son élasticité et fausser l'aplomb du membre, par la raison que la pince touche à la terre la première et que les talons n'y arrivent que quand le poids du corps les y force, et encore c'est bien légèrement ; si bien que l'action de la planche serait nulle ; cette manière de procéder est donc vicieuse. Les chevaux avancés en âge, plantés un peu droit ou pinçards, ainsi ferrés, ont leurs allures complétement interverties ; leur pas est raccourci, ils marchent comme en nageant, absolument comme s'ils étaient pris des épaules. D'ailleurs ces chevaux démontrent par l'usure de leurs fers (en pince seulement) que les talons sont trop bas pour que l'élasticité puisse encore y être mise en jeu par la participation de l'appui sur le sol ; quand l'appui n'est pas uniforme sur l'assiette du fer et que l'usure n'est pas égale, la règle alors est 1° d'abattre de la corne aux endroits du pied qui correspondent à l'usure, et 2° d'ajouter à l'épaisseur du point le moins usé du fer, et si les talons ne posent que peu ou pas, on doit les maintenir rélevés par des crampons roulés ou autrement.

Les chevaux sujets à l'encastelure et au rétrécissement sont ceux dont les pieds sont aussi larges à la couronne qu'au bord inférieur, les talons étant rapprochés et la sole voûtée intérieurement, de manière à pouvoir résister contre l'affaissement de la muraille, naturellement très-faible dans cet état de conformation (1).

Plus la muraille presse les côtés en se rapprochant du centre du pied, plus la sole se courbe en haut; de sorte que, par les progrès de cette compression, la fourchette est serrée de plus en plus entre les arcs-boutants, lesquels se rapprochent en même temps que les talons rentrent eux-mêmes, au fur et à mesure que la corne qui les forme se tord sur elle-même insensiblement.

Pour les cas les moins prononcés, l'efficacité du fer à pantoufle est reconnue de date immémoriale ; Solleysel en recommandait l'usage. Il est d'ailleurs facile d'en comprendre les bons effets : on dit toujours, et avec raison, qu'une ajusture en forme d'écuelle rend le fer ordinaire très-nuisible, en forçant les talons et les quartiers à rentrer, surtout quand ils ont été creusés en retranchant les arcs-boutants; eh bien, si semblable détérioration peut avoir lieu en peu de temps, même dans le plus beau pied, ne conçoit-on pas que la pantoufle, dont les glacis des éponges poussent toujours en dehors par leur inclinaison, puisse amener progressivement l'élargissement des talons? C'est ce que l'expérience prouve tous les jours.

On conçoit que pendant toute la durée du traite-

(1) Une certaine hauteur de la muraille, jointe à l'existence de ces indices de faiblesse, est ce que *M. Defays* appelle *pied de mule*, à cause d'une espèce de ressemblance de forme avec le sabot du mulet : c'est une grande prédisposition au rétrécissement.

ment, la corne doit être entretenue souple par l'application de corps gras.

Quant à l'application de la pantoufle expansive, voici les préceptes qu'il est indispensable d'observer pour la rendre efficace.

A. Il faut avoir l'attention :

1° De parer le pied pour établir un aplomb parfait;

2° De laisser autant que possible toute la force aux talons, de les entailler pour recevoir contre leur face interne les éminences postérieures de la pantoufle, et bien amincir la sole.

B. Règles pour la dilatation. Elles consistent :

1° A mesurer avec un compas la distance d'une éponge du fer à l'autre, étant bien ajusté, bien appliqué.

2° A placer entre elles l'étau dilatateur (représenté fig. 19, et dont nous allons donner la description); à écarter de 5 à 6 millimètres et frapper ensuite, avec le brochoir ou un autre marteau plus lourd, sur l'endroit du fer qui doit céder pour écarter les branches, jusqu'à ce que l'étau se détache de lui-même, c'est-à-dire sans desserrer la vis.

3° A laisser au moins un intervalle de trois à quatre jours et quelquefois plus entre deux dilatations. Le compas doit toujours servir de guide, et l'on a soin de faire une remarque en piquant chaque fois sur un morceau de bois, pour avoir sur ce registre, la progression des ouvertures successivement pratiquées.

4° A ne point tolérer la moindre déviation, le plus petit dérangement dans la rectitude relative des deux branches du fer; c'est-à-dire qu'il faut, dès que l'une d'elles se lève un peu après une dilatation, de manière à s'éloigner de la surface du pied, déferrer et faire cesser ainsi la torsion et le tiraillement qui en résultent.

5° Enfin à continuer l'usage de la bottine renfermant un corps gras pendant tout le temps qu'entre ses sorties, l'animal reste à l'écurie. Plus le cheval marche, plus on peut ouvrir, mais toujours moins cependant la seconde fois que la première.

Souvent un rétrécissement ordinaire cède à une ferrure expansive; dans les cas les plus graves, il en faut trois, rarement plus, mais à la première il y a déjà un mieux marqué.

Ajoutons que le fer, usant en pince, peut prendre assez d'ajusture pendant l'exercice pour se déformer au moment où la dilatation s'opère; lorsque cela arrive, il faut déferrer et rétablir la pantoufle dans son état primitif. Il faut aussi faire attention à ce que la branche correspondante au quartier rétréci, s'il n'y en a qu'un, doit présenter moins de force à l'endroit où cette même branche doit fléchir sous le coup de marteau pendant la dilatation, que dans le reste de l'étendue du fer.

Quoique les guérisons obtenues par l'emploi de cette ferrure soient nombreuses, nous n'en rapporterons qu'une qui suffira pour donner une idée de la puissance de ce remède lorsqu'il est bien employé. Le sujet était un grand cheval de carrosse, abandonné à l'école vétérinaire; les deux pieds de devant étaient tellement rétrécis que du côté droit les talons se touchaient, outre cela il n'y avait plus aucune apparence de fourchette. La marche, extrêmement pénible, semblait ne plus s'exécuter que par les membres de derrière, que l'animal engageait fortement sous lui, portant les autres en avant. Les préceptes que nous venons de poser furent observés, et les pieds se sont si bien rétablis, qu'au bout d'un mois environ la boiterie avait complétement cessé.

Une remarque que nous avons eu l'occasion de faire, c'est qu'une certaine gêne peut subsister quelquefois jusqu'à la descente entière de l'avalure; cela arrive lorsque le quartier, ayant peu de résistance, fléchit dans un point de sa hauteur, de manière à ce qu'il se forme une dépression, un enfoncement à cette portion du sabot, qui agit alors par compression.

On voit aussi souvent que la fourchette, étant pressée entre les talons, se contourne, se tord, de manière qu'une de ses branches se place sur l'autre, comme deux orteils le feraient dans une chaussure très-étroite.

Pour faire une bonne application de la pantoufle expansive, il faut être pourvu nécessairement d'un instrument puissant, résistant, susceptible d'agir graduellement et peu à la fois, pour produire l'écartement des branches du fer et des talons qui s'y trouvent accrochés. L'instrument que M. Defays a imaginé pour cela, et que nous appelons étau dilatateur, est reproduit à la page suivante par la fig. 19.

La fig. 20 représente le nôtre. Le principe en est le même, seulement ce dernier est un peu plus portatif, moins coûteux et agit plus promptement, parce que sa vis, qui est double, c'est-à-dire moitié à droite, moitié à gauche, avance autant en un tour de clef qu'une vis simple avancerait en deux tours.

La pièce principale (fig. 20, *b*), qui porte le manche *c*, a 25 centimètres de longueur; la seconde pièce, *d,* est haute de 6 centimètres ; les autres proportions de ces deux pièces, traversées l'une et l'autre par la vis ouvrière, sont de 3 centimètres 1/2 de largeur, et 1 centimètre 1/2 d'épaisseur. La vis, *e,* taraudée à droite d'un côté et à gauche de l'autre, jusqu'au milieu, a 9 centimètres de longueur et 2 centimètres de diamètre; l'extrémité, *f,* est carrée, à l'effet de s'ajuster avec la clef, espèce de tourne-vis, *g,* sans cependant y être rivée. L'instrument est complété par un conducteur carré, *h,* rivé à la pièce principale, *i,* mais mobile dans le trou également carré de la pièce *d.*

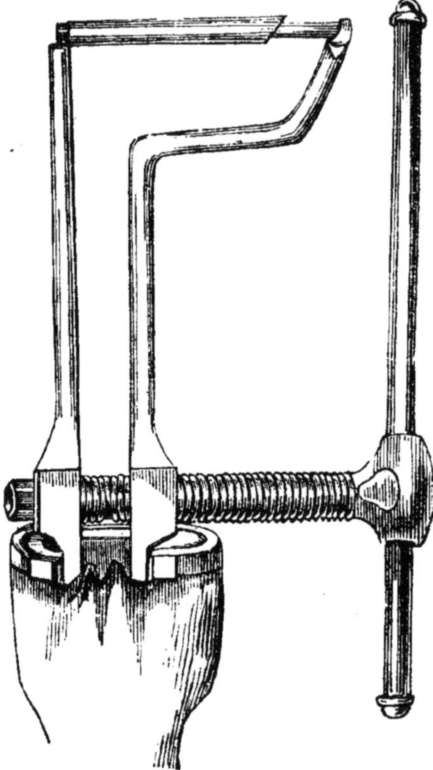

Fig. 19.

Les arêtes de la pantoufle, destinées à s'incruster en dedans des arcs-boutants, sont indiquées par les lettres *a, a.*

II. *Moyens relatifs à la correction des mouvements irréguliers des membres.* — Voici en deux mots quelle est la puissance de la ferrure en cas d'irrégularités dans les mouvements des membres : 1° accélérer ou retarder le mouvement de flexion de leurs rayons, et en augmenter ou en restreindre l'étendue, en ajoutant ou en retranchant de la longueur ou de l'épaisseur du fer, soit en pince, soit en talons ; expliquons ces principes.

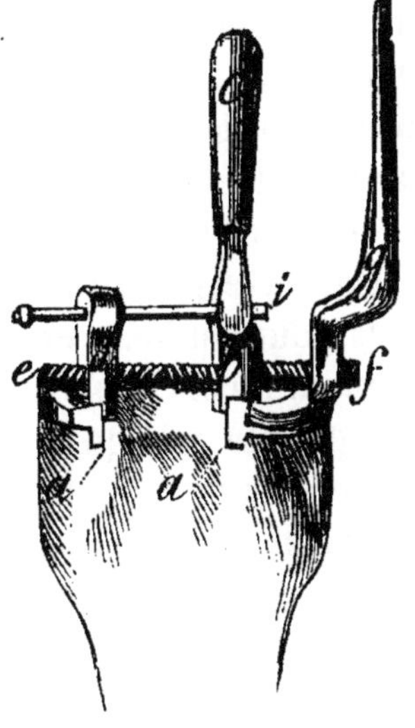

Fig. 20.

Plus les talons sont abattus ou plus la pince est longue, plus le poids du corps pèse sur le tendon, et *vice versâ*. On voit parfaitement l'effet que cela produit, en considérant un membre de devant au moment de son appui, le cheval marchant très-doucement ; on voit que le corps avance pendant un espace de temps sans que le pied cesse de porter sur le terrain, de telle sorte que le membre, dans ce mouvement d'arrière en avant, prend une situation plus ou moins oblique, selon sa longueur. Mais plus cette obliquité est grande, plus le tendon est distendu, et cette position (d'autant plus gênante que les talons sont plus bas et que la pince est plus longue) sollicite l'animal à accélérer la flexion du membre.

Maintenant, si un pied, au lieu de poser à plat, se trouve incliné par une différence de hauteur entre les deux quartiers, il arrivera que le paturon et le pied, en se détachant du sol, feront plus que de se redresser, ils seront même rejetés en dehors ; c'est-à-dire du côté le moins élevé.

Toutes ces corrections ne s'obtiennent jamais mieux que dans le jeune âge; aussi ne ferait-on qu'ajouter inutilement à la gêne ou à la douleur que peut éprouver un animal âgé, si l'on voulait chercher à remédier aux infirmités qui sont l'effet du service et de l'usure. La raison de cela, c'est que les animaux comme les hommes s'accoutument aux positions et aux mouvements les plus insolites et les plus fatigants ; le temps fortifie les imperfections des organes de la marche, à tel point qu'il les rend insensibles ou indifférentes pour l'animal, en même temps que ces défauts deviennent incorrigibles.

Par conséquent, conserver les aplombs tels qu'ils sont, c'est la règle pour ne pas faire plus de mal que de bien. Après ces principes généraux, il ne reste plus qu'à donner quelques indications pratiques concernant les applications particulières que les vices dont il est ici question réclament de la maréchalerie.

1° *Ferrure du cheval qui billarde.* — Parez et ferrez comme pour le cheval cagneux.

Il n'y a rien à faire au cheval qui marche en fauchant.

2° *Ferrure du cheval qui se coupe.* — Retranchez uniformément de la muraille, de la sole, de la fourchette, en ménageant cependant un peu le quartier interne, à moins qu'il ne soit très-haut et l'animal cagneux ; employez le fer à la turque, la grosse branche rentrée en dedans du pied le plus possible. Lorsque les chevaux se coupent peu, il suffit d'une ferrure ordinaire, mais très-juste en dedans. S'ils se coupent fortement et par faiblesse, il faut ajouter le repos et la bonne nourriture à la ferrure. Quelquefois aussi on fixe au-dessus du boulet une espèce de manchette en cuir, soit ronde comme l'anse d'une croupière, soit large et plate.

3° *Ferrure du cheval qui forge.* — Abattez les talons des pieds de devant et la pince de ceux de derrière. Mettez un fer raccourci des éponges aux premiers, et un fer tronqué en avant aux seconds, à l'effet de hâter la levée des pieds de devant et de raccourcir le trajet des pieds de derrière, en leur permettant, par une plus grande hauteur des talons, de se détacher plus tardivement du sol. Quand la face antérieure de la muraille en pince est fortement usée aux pieds de derrière, à force de toucher sur ceux de devant, on ajoute un fort pinçon au fer pour garantir la région.

Le ménagement pour les jeunes chevaux, un bon régime pour ceux qui forgent par faiblesse, sont des moyens accessoires très-importants.

4° *Ferrure du cheval dont le pied de derrière fait un mouvement de rotation sur le sol.*—Parez en pince et en mamelle externe, qui souvent est l'endroit où l'appui se fait principalement dans ce cas. Employez un fer à pince large et prolongée, selon le besoin, et relevez les éponges par des crampons roulés ou autrement, à l'effet de répartir le poids du corps sur toute l'étendue de l'assiette du pied.

CHAPITRE IV.

EFFETS NUISIBLES DE LA FERRURE.

Pour terminer, il nous reste à examiner les effets que la ferrure produit sur le sabot et les altérations qui en deviennent la suite.

Les mauvais effets ou inconvénients que les pieds des chevaux éprouvent par l'action de la ferrure, qui semblerait devoir au contraire les protéger, les garantir contre toute atteinte, se produisent : ou au moment même de leur application, ou peu de temps après, ou bien successivement peu à peu. Les premiers ont pour cause des blessures, des brûlures, une torsion ou un tiraillement provenant de ce que, par l'action des clous, un quartier a dû céder ou fléchir pour s'appliquer sur un fer ajusté de manière à ce qu'une branche soit plus élevée que l'autre ; les autres détériorations viennent du manque d'aplomb auquel on a pu chercher à remédier maladroitement, par ignorance, ou de ce que l'un des talons, s'ils sont flexibles, fait ressort à chaque pas, parce qu'on a disposé la branche correspondante du fer pour l'en éloigner. Le resserrement d'un ou des deux quartiers, sinon de tout le pied, arrive lorsque l'on creuse profondément les talons, que l'on chauffe ou grille fortement la corne, que l'on entôle ou que l'on voûte le fer, les branches surtout, enfin en rognant et râpant la muraille à l'excès.

Les blessures et la brûlure que l'on fait quelquefois au pied en le ferrant sont plus ou moins graves, selon les parties vives qui ont été entamées par les clous ou le boutoir, et selon la quantité de chaleur qui a pu les irriter. On ne brûle jamais plus facilement le pied que quand le fer n'est pas assez chaud pour griller la corne, et c'est alors aussi que le pied s'en ressent davantage, parce que la chaleur y pénètre bien plus facilement que quand il s'est produit une couche charbonnée à la surface de la corne, et surtout parce qu'il semble alors que l'on peut d'autant plus prolonger l'application du fer, qu'il est moins chaud en apparence. La brûlure du pied peut occasionner une vive irritation qui détermine quelquefois la perte des chevaux ; elle amène tout au moins une sensibilité plus ou moins grande des parties renfermées dans le sabot : de là des altération qui s'annoncent par l'apparition de cercles, et la corne se dessèche. On voit que le pied a été brûlé lorsqu'en parant la sole, on aperçoit une couche de corne jaunâtre percée de petits trous nombreux contenant une sérosité brune ou noirâtre. Des cataplasmes astringents froids, des bains de pied froids sont le remède, au commencement ; mais si l'inflammation ne s'apaise pas et qu'au contraire elle s'accompagne de fièvre, les lumières de la médecine vétérinaire doivent être réclamées.

On blesse les animaux de travail en les ferrant : 1° quand le fer est étampé trop gras ; 2° lorsqu'une souche ou morceau d'un vieux clou détourne la pointe et la dirige vers le vif ; 3° lorsque l'étampure, trop maigre, oblige de puiser la corne avec un clou dont l'affilure est crochue ; 4° enfin quand la lame est fourrée, ou pailleuse, c'est-à-dire fendue, et qu'un ou plusieurs fragments se courbent et s'enfoncent dans l'intérieur du pied, même jusque dans la substance de l'os, ce qui est toujours une blessure grave et dangereuse qui s'accompagne d'une douleur extrême avec fièvre, surtout lorsqu'une portion du corps pénétrant est restée dans l'os. Il y a de la différence entre la piqûre et l'enclouure, non pas seulement par la manière dont elles sont produites mais par leurs effets consécutifs : dans la piqûre, le clou, qui a pénétré dans le vif ou qui l'a comprimé en décrivant une courbe, a été ôté sur-le-champ, tandis que dans l'enclouure, la lame a été rivée et a conséquemment séjourné dans le pied. La position de la plaie et la douleur que l'animal ressent, quand on lui sonde le pied avec les tricoises, indiquent l'étendue et la gravité du mal. On remarque en général que la plaie simple, faite avec un objet aigu ou tranchant, est ordinairement sans danger, si on l'extrait sur-le-champ, à moins que l'os n'ait été atteint. Après avoir déferré, on trouve, en parant le pied souffrant pour avoir été piqué ou encloué, une tache noirâtre d'où s'écoule un liquide noir et de mauvaise odeur ; il suffit souvent de faire une ouverture et de bien assouplir la corne avec des cataplasmes émollients pour éviter de mauvaises suites. Il en est de même du coup de boutoir pénétrant dans la sole.

La contorsion qu'un pied éprouve quand les clous forcent l'un de ses quartiers de fléchir jusqu'à une branche trop levée par rapport à l'autre, c'est-à-dire, quand elles ne sont pas de niveau entre elles, occasionne aussi des dérangements dans le pied, par le fait de la déformation du sabot, qui en résulte, et de l'irritation dont les organes sécréteurs de la corne deviennent le siége; il en est de même lorsque, pour épargner les talons, on croit devoir laisser un grand intervalle entre eux et le fer, car alors les quartiers font ressort à chaque pas, et ce tiraillement continuel conduit à la détérioration du pied.

Quant aux suites du tiraillement des tendons, nous nous sommes suffisamment expliqué à ce sujet en parlant des ferrures correctives.

Le rétrécissement du sabot est l'effet destructeur capital, le terme de l'action pernicieuse de la ferrure. Nous en dirons encore un mot en terminant, parce que c'est un sujet très-important, qui intéresse la société au-dessus de toute appréciation.

L'habitude de parer le pied en le creusant et d'ajuster les branches du fer en les inclinant vers le centre du pied, en forme d'écuelle; l'action de râper le sabot, de le chauffer fortement pour asseoir le fer, et de river les clous ou rabattre les pinçons, en frappant sans ménagement sur la muraille, sont autant de causes qui peuvent conduire à cette grave altération du sabot. Si, au moment de l'appui, il cède par son élasticité, sous le poids du corps, il doit, étant levé pour l'application du fer, se trouver dans son plus petit volume; donc les parties renfermées dans la corne devront être nécessairement logées à l'étroit, si la ferrure n'a pas les conditions voulues pour que l'expansion des quartiers puisse encore avoir lieu lors de l'appui sur le sol. De là encore un préjudice à l'intégrité des organes producteurs du tissu corné.

De plus, les clous enfoncés dans la muraille doivent y faire l'effet d'autant de coins et produire ainsi une certaine augmentation d'épaisseur, faisant surtout effort vers le vif, en raison de la résistance moindre de ce côté-là qu'en dehors. Cet effet peut ne pas se produire fortement dans un sabot large et dans les pieds qui n'ont pas été altérés par la ferrure, mais dans ceux qui ont déjà souffert, et surtout chez les chevaux fins, ceux que l'on a peut-être rendus petits par élégance ou pour empêcher l'animal de s'attraper, enfin dans ceux qui sont dérobés et qui exigent pour cela que l'on broche très-gras et très-haut, cette pression doit se faire sentir davantage. La ferrure est toujours plus nuisible au jeune pied qui n'a pas encore acquis toute sa croissance, qu'à celui qui est arrivé à son entier développement; les difformités en sont plus graves et par conséquent plus préjudiciables, tant pour le sabot que pour tout le reste du membre. A mesure que les détériorations augmentent, les talons rentrent, la fourchette se retrécit au point qu'une branche monte sur l'autre, comme les orteils du pied de l'homme qui seraient comprimés dans une chaussure étroite; elle finit même par disparaître après s'être échauffée et pourrie enfin, et la pince se prolonge de manière à s'éloigner de sa pointe, etc.

Le sabot peut avoir des prédispositions particulières à ces altérations, et plusieurs causes accidentelles ou passagères peuvent y contribuer, mais la plus grande part revient à la ferrure, qui, mal appliquée, est mille fois plus nuisible que son concours hygiénique n'est utile. Un auteur anglais, M. Bracy-Clarck, démontre aussi, dans un ouvrage qu'il a écrit sur le pied du cheval, combien l'art de ferrer est encore entaché partout de vices et de préjugés. L'ignorance des maréchaux ferrants est d'autant plus à déplorer, dit-il, que leur routine ruine lentement une multitude de chevaux, ces auxiliaires si précieux à la société en général et à l'agriculture en particulier.

FIN.

TABLE DES MATIÈRES.

FIN DE LA TABLE.

BIBLIOTHÈQUE RURALE,

INSTITUÉE PAR ARRÊTÉ ROYAL DU 15 SEPTEMBRE 1848.

EN VENTE :

MANUEL DE CULTURE. Un vol.	Prix : 80 cent.
EMPLOI DE LA CHAUX EN AGRICULTURE. Un vol.	20 cent.
MANUEL DE COMPTABILITÉ AGRICOLE. Un vol.	40 cent.
MANUEL THÉORIQUE ET PRATIQUE D'ARBORICULTURE, 2 vol. avec 205 planches gravées.	1 fr. 55 cent.
MANUEL DE DRAINAGE. Un vol. avec 88 pl. gravées.	1 fr. 10 cent.
MANUEL DE CHIMIE AGRICOLE. Un vol. avec pl. gravées.	1 fr. 25 cent.
MANUEL D'IRRIGATION. Un vol. avec 100 pl. gravées.	60 cent.
CHOIX DES VACHES LAITIÈRES. Un vol. avec planches.	40 cent.
MANUEL DU MARÉCHAL FERRANT. Un vol.	30 cent.

SOUS PRESSE :

MANUEL D'HYGIÈNE. Un vol. avec planches.

TRAITÉ DES INSTRUMENTS D'AGRICULTURE. Un vol.

MANUEL FORESTIER. Un vol.

TRAITÉ DES BÊTES BOVINES ET PORCINES. Un vol.

TRAITÉ D'ÉCONOMIE RURALE; de la ferme, la basse-cour, etc.

En vente chez le même éditeur :

ANNUAIRE AGRICOLE. Un vol.	1 fr. 25 c.
ALMANACH INDUSTRIEL POPULAIRE (2e année 1851). Un vol. avec gravures.	50 c.

LE MONITEUR DES CAMPAGNES,

Revue des progrès agricoles,

Publié sous la direction de M. MAX. LEDOCTE, ancien cultivateur, avec la collaboration de plusieurs propriétaires, cultivateurs, économistes, professeurs d'agriculture, vétérinaires, etc.

CONDITIONS DE SOUSCRIPTION :

Le journal paraît le 1er et le 15 de chaque mois, par cahiers de 24 à 32 pages grand in-8o à deux colonnes.

Il publie tout ce qui paraît d'important pour les diverses branches d'industrie agricole. Chaque livraison indique les prix de vente des céréales dans tous les principaux marchés.

Le prix de l'abonnement est de **10 FR.** par année pour la Belgique, franc de port à domicile.

www.ingramcontent.com/pod-product-compliance
Ingram Content Group UK Ltd.
Pitfield, Milton Keynes, MK11 3LW, UK
UKHW020939180726
13838UKWH00003B/1037

9 782329 395999